Phillip Kuß

Vollständigkeit und vollständige

Hüllen induktiver Limiten vom

Moscatellischen Typ

AF211511

Vollständigkeit und vollständige Hüllen induktiver Limiten vom Moscatellischen Typ

Dissertation

zur Erlangung des akademischen Grades
eines Doktors der Naturwissenschaften (Dr. rer. nat.)

Dem Fachbereich IV der Universität Trier
vorgelegt von

Phillip Kuß

Trier, 2008

Eingereicht am 4. Juni 2008

1. Gutachter: apl. Prof. Dr. Susanne Dierolf

2. Gutachter: Prof. Dr. Leonhard Frerick

ISBN 978-3-8370-5725-6

© 2008 Phillip Kuß

Herstellung und Verlag: Books on Demand GmbH, Norderstedt

Bibliographische Information der Deutschen Bibliothek:
Die Deutsche Bibliothek verzeichnet diese Publikation in der Deutschen
Nationalbibliographie; detaillierte bibliographische Daten sind im Internet
über http://dnb.ddb.de abrufbar

Inhaltsverzeichnis

1 Einleitung

Die Thematik der induktiven Limiten vom sogenannten Moscatellischen Typ wurde in den späten 80er und frühen 90er Jahren von verschiedenen Autoren sorgfältig und beinahe vollständig bearbeitet. Im Wesentlichen blieben nur zwei Punkte offen. Zum einen handelt es sich um die Beschreibung der vollständigen Hülle von LB-Räumen vom Moscatellischen Typ, zum anderen war seinerzeit eine erweiterte Klasse von induktiven Limiten dieses Typs präsentiert worden, wobei die Äquivalenz von regulär und vollständig für LF-Räume dieses erweiterten Typs noch ausstand.

In der vorliegenden Arbeit werden diese beiden Lücken geschlossen. Darüber hinaus wurde in der Literatur der Einfachheit halber teilweise nur ein Spezialfall, nämlich die Betrachtung von l^∞ anstelle eines allgemeinen normalen Banachschen Folgenraums, bearbeitet. Außerdem wurde der allgemeine Fall von lokalkonvexen Räumen zugunsten von Fréchet- oder Banachräumen nicht berücksichtigt. In dieser Arbeit sollen grundsätzlich alle Aussagen für allgemeine normale Banachsche Folgenräume $\left(\lambda, \|\cdot\|_\lambda\right)$ bewiesen werden.

Desweiteren wird großer Wert darauf gelegt zu klären, welche Aussagen für den allgemeinen, lokalkonvexen Fall gültig sind und welche nur unter speziellen Voraussetzungen (Fréchet oder Banach) wahr sind, wobei abgrenzende Gegenbeispiele präsentiert werden.

7

In **Kapitel 2** werden induktive Limiten vom sogenannten gewöhnlichen Moscatellischen Typ eingeführt und auf erste grundlegende Eigenschaften hin untersucht. Hierbei wird bewusst in Kauf genommen, dass dies in der Dissertation von Y. Melendez (1990) bereits durchgeführt wurde. Dies geschieht nicht nur wegen der besseren Lesbarkeit, zum Teil konnten die Beweise gestrafft, die Aussagen erweitert und zusätzliche Beispiele ergänzt werden. Anschließend führen wir die induktiven Limiten vom verallgemeinerten Moscatellischen Typ ein, die bisher im Wesentlichen lediglich in [2] für den Spezialfall von Frécheträumen und den speziellen normalen Banachschen Folgenräumen l^∞ und c_0 behandelt worden sind.

Die beiden wichtigen Eigenschaften Regularität und α-Regularität werden in **Kapitel 3** für die induktiven Limiten aus Kapitel 2 untersucht. Es stellt sich heraus, dass die Regularität bzw. α-Regularität des induktiven Limes vom verallgemeinerten Moscatellischen Typ äquivalent ist zur selben Eigenschaft des induktiven Limes vom gewöhnlichen Typ, wobei im Frécheraum-Fall auch Regularität und α-Regularität äquivalent sind und auf verschiedene Weise charakterisiert werden können.

Da auch der allgemeine, lokalkonvexe Fall so weit wie möglich mit behandelt werden soll, wird ausführlich untersucht, welche dieser Äquivalenzen im lokalkonvexen Fall noch gelten und wo es Gegenbeispiele gibt.

In **Kapitel 4** untersuchen wir zunächst den Zusammenhang von Regularität und Vollständigkeit für die von uns betrachteten induktiven Limiten im allgemeinen, lokalkonvexen Fall, wobei naturgemäß nur wenige positive Aussagen vorliegen. Dies wird ebenfalls durch ein Gegenbeispiel belegt.

Schließlich beweisen wir, dass für Frécheträume und allgemeine Banachsche Folgenräume die Regularität des induktiven Limes vom verallgemeinerten Moscatellischen Typ schon die Vollständigkeit impliziert. Der Beweis wird nicht – wie im Fall der induktiven Limiten vom gewöhnlichen Moscatellischen Typ – über eine projektive Hülle geführt, sondern macht sich folgende, von Pasynkov (1969) stammende, Dreiraumaussage zunutze:

Ein lokalkonvexer Raum E ist vollständig, wenn er einen vollständigen Untervektorraum L enthält, so dass auch der Quotient E/L vollständig ist.

Mit Hilfe dieses Hauptresultats gelingt es in **Kapitel 5**, die vollständige Hülle von LB-Räumen vom gewöhnlichen Moscatellischen Typ $\bigoplus X + \lambda(Y)$ zu beschreiben und dabei als LB-Raum nachzuweisen. Dies war bei der Behandlung dieser Räume in [1] (1989) und [9] (1990) offen geblieben.

Ein abschließendes Beispiel zeigt, dass eine Erweiterung dieses Ergebnisses auf LF-Räume der Gestalt $\bigoplus X + \lambda(Y)$ nicht möglich ist.

An dieser Stelle möchte ich mich sehr herzlich bei Frau Prof. Dr. Susanne Dierolf für ihre Anregung, Betreuung und vielfältige Unterstützung dieser Arbeit bedanken. Ebenso gilt mein Dank Prof. Dr. Leonhard Frerick, der mir ebenfalls wertvolle Hinweise für diese Arbeit gegeben hat.

Für die immer schnelle Beantwortung von LaTeX- und Organisationsfragen danke ich Martin Sievers und Ilia Gherman.

Ein besonderer Dank gilt meiner Freundin Nadine für ihre Hilfe und viel Verständnis während dieser Zeit. Für ihre stete Unterstützung danke ich auch meinen Eltern.

2 Induktive Limiten vom Moscatellischen Typ

Induktive Limiten vom Moscatellischen Typ mit lokalkonvexen Räumen und normalen Banachschen Folgenräumen wurden bereits von Y. Melendez in [9] behandelt. Zur besseren Lesbarkeit der vorliegenden Arbeit werden einige Aussagen aus [9] mit geändertem Beweis sowie daraus resultierenden Verschärfungen und Ergänzungen noch einmal in Gänze vorgestellt. Im Anschluss daran definieren wir den induktiven Limes vom verallgemeinerten Moscatellischen Typ und zeigen erste Zusammenhänge zwischen den induktiven Limiten beider Typen.

Vorab sollen gewisse Notationen bei lokalkonvexen Räumen für das Folgende festgelegt werden:

- Ist $(X, \mathcal{T})$ ein lokalkonvexer Raum mit der Topologie $\mathcal{T}$, dann bezeichnen wir mit $\mathcal{U}_0(X, \mathcal{T})$ die Filterbasis der absolutkonvexen Nullumgebungen in $(X, \mathcal{T})$ und mit $\mathrm{cs}(X)$ die Menge aller stetigen Halbnormen auf $(X, \mathcal{T})$.

- Ist $(X_n, \mathcal{T}_n)_{n \in \mathbb{N}} = (X_n)_{n \in \mathbb{N}}$ eine Folge lokalkonvexer Räume, so bezeichnet $\bigoplus_{n \in \mathbb{N}} X_n$ die direkte Summe. Im Fall $X_n = X$ für alle $n \in \mathbb{N}$ schreiben wir auch $\bigoplus X$ für $\bigoplus_{n \in \mathbb{N}} X$.

11

- X' bezeichne das stetige Dual eines lokalkonvexen Raums X und X^* das algebraische Dual.

- Die Topologien $\sigma(X,X')$ und $\sigma(X',X)$ stehen für die schwachen Topologien, τ für die Mackey-Topologie und β für die starke Topologie.

- Die lineare Hülle einer Teilmeng A eines Vektorraums X sei $[A]$.

- $A \hookrightarrow X$ bezeichne stets die Inklusionsabbildung.

Definition 2.1

(vgl. [9], Definitions 1, S. 2)

Seien $(X, \mathcal{T})$ ein lokalkonvexer Raum und $\left(\lambda, \|\cdot\|_\lambda\right)$ ein normaler Banachscher Folgenraum. Wir definieren

$$\lambda(X) := \lambda(X, \mathcal{T}) := \left\{(x_n)_{n\in\mathbb{N}} \in (X, \mathcal{T})^{\mathbb{N}} : \bigvee_{p\in \mathrm{cs}(X)} (p(x_n))_{n\in\mathbb{N}} \in \lambda\right\}$$

als Untervektorraum des Produktraums $X^{\mathbb{N}}$. Für alle Halbnormen $p \in \mathrm{cs}(X)$ ist dann die Abbildung $p_\lambda : \lambda(X) \longrightarrow [0,\infty), (x_n) \longrightarrow \left\|(p(x_n))_{n\in\mathbb{N}}\right\|_\lambda$ eine Halbnorm auf $\lambda(X)$. Die Topologie $\mathcal{T}_\lambda$ von $\lambda(X)$ sei definitionsgemäß die Topologie, die von allen p_λ mit $p \in \mathrm{cs}(X)$ erzeugt wird. Die zugehörige Nullumgebungsbasis ist damit gegeben durch

$$\left\{\left\{(x_n)_{n\in\mathbb{N}} \in \lambda(X) : \left\|(p(x_n))_{n\in\mathbb{N}}\right\|_\lambda < \varepsilon\right\} : p \in \mathrm{cs}(X), \varepsilon > 0\right\}.$$

Im Folgenden bezeichnen wir Standardnullumgebungen mit

$$U_{\lambda,\varepsilon} := \left\{(x_n)_{n\in\mathbb{N}} \in \lambda(X) : \left\|(p(x_n))_{n\in\mathbb{N}}\right\|_\lambda < \varepsilon\right\}.$$

Es ist allerdings nicht notwendig immer die gesamte Menge der stetigen Halbnormen zu betrachten, stattdessen reicht es aus ein Fundamentalsystem von stetigen Halbnormen zu betrachten.

Vor der Untersuchung der induktiven Limiten vom Moscatellischen Typ werden zunächst einige Erkenntnisse über den Raum $(\lambda(X), \mathcal{T}_\lambda)$ dargestellt.

Lemma 2.2

Seien $(X, \mathcal{T})$ ein lokalkonvexer Raum, λ ein normaler Banachscher Folgenraum und ein $n \in \mathbb{N}$. Ferner ist die Abbildung j_n definiert durch

$$j_n : X \longrightarrow \lambda(X), \ x \longmapsto (\delta_{nk}x)_{k \in \mathbb{N}} \ .$$

Dann ist der Raum $(j_n(X), \mathcal{T}_\lambda \cap j_n(X))$ topologisch isomorph zu $(X, \mathcal{T})$ und zugleich topologisch komplementierter Teilraum von $(\lambda(X), \mathcal{T}_\lambda)$.

Beweis:

Die Abbildung j_n ist ein topologischer Isomorphismus auf das Bild, denn für alle Halbnormen $p \in cs(X)$ und für alle $x \in X$ ist $p(x) = \rho_n p_\lambda \left(j_n(x) \right)$, wobei ρ_n definiert ist als $\left\| (\delta_{nk})_{k \in \mathbb{N}} \right\|_\lambda > 0$.

Ferner ist die Projektionsabbildung

$$\mathrm{pr}_n : (\lambda(X), \mathcal{T}_\lambda) \longrightarrow (X, \mathcal{T}), \ (x_k)_{k \in \mathbb{N}} \longmapsto x_n$$

stetig, da

$$p_\lambda(x) \geq p_\lambda \left((\delta_{nk}x_n)_{k \in \mathbb{N}} \right) = \rho_n p \left(x_n \right)$$

für alle $p \in cs(X)$ und alle $x \in \lambda(X)$ gilt. $\qquad\qquad$ $\square$

Satz 2.3

(vgl. [9], Remarks 2 (iv), S. 3)

Seien $(X, \mathcal{T})$ ein lokalkonvexer Raum und $(\lambda, \|\cdot\|_\lambda)$ ein normaler Banachscher Folgenraum. Der Raum $(X, \mathcal{T})$ ist genau dann separiert, wenn $(\lambda(X), \mathcal{T}_\lambda)$ separiert ist.

Beweis:

Die Behauptung, dass aus der Separiertheit von $(\lambda(X), \mathcal{T}_\lambda)$ die Separiertheit von $(X, \mathcal{T})$ folgt, ergibt sich sofort aus Lemma 2.2.

Für die andere Richtung sei $x = (x_n)_{n \in \mathbb{N}} \in \lambda(X) \backslash \{0\}$ gegeben. Dann existiert ein $n \in \mathbb{N}$, so dass $x_n \neq 0$ ist. Da nach Voraussetzung $(X, \mathcal{T})$ separiert ist, gibt es eine Halbnorm $p \in cs(X)$, so dass $p(x_n) > 0$ gilt. Daraus folgt, dass

$$p_\lambda(x) \geq p_\lambda \left((\delta_{nk} x_n)_{k \in \mathbb{N}} \right) = \rho_n p(x_n) > 0.$$

Also ist $(\lambda(X), \mathcal{T}_\lambda)$ separiert. $\qquad\qquad\qquad\qquad\qquad\qquad\qquad\quad\square$

Die beiden nächsten Sätze zeigen Stabilitätseigenschaften unter dem Übergang von X zu dem Raum $\lambda(X)$.

Satz 2.4

(vgl. [9], Remarks 2 (vi), S. 3)

Seien $(X, \mathcal{T})$ und $(Y, \mathcal{S})$ lokalkonvexe Räume, $f : (X, \mathcal{T}) \longrightarrow (Y, \mathcal{S})$ eine stetige und lineare Abbildung und $(\lambda, \|\cdot\|_\lambda)$ sei ein normaler Banachscher Folgenraum. Die Abbildung $f_\lambda : (\lambda(X), \mathcal{T}_\lambda) \longrightarrow (\lambda(Y), \mathcal{S}_\lambda), (x_n)_{n \in \mathbb{N}} \longmapsto (f(x_n))_{n \in \mathbb{N}}$ ist dann wohldefiniert, stetig und linear.

Beweis:

Für die Wohldefiniertheit sei p eine stetige Halbnorm in $(Y, \mathcal{S})$. Da nach Voraussetzung die Abbildung f stetig ist, ist auch die Verknüpfung $p \circ f$ eine stetige Halbnorm auf $(X, \mathcal{T})$ und damit gilt für alle $(x_n)_{n \in \mathbb{N}}$ in $\lambda(X)$, dass $(p \circ f (x_n))_{n \in \mathbb{N}}$ in λ liegt.

Die Linearität ergibt sich sofort und für die Stetigkeit ist zu zeigen, dass die Verknüpfung $p_\lambda \circ f_\lambda$ für alle Halbnormen $p \in cs(Y)$ eine stetige Halbnorm auf $(\lambda(X), \mathcal{T}_\lambda)$ ist.

Da $p \circ f$ eine stetige Halbnorm auf $(X, \mathcal{T})$ für alle Halbnormen $p \in cs(Y)$ ist, bleibt nur zu zeigen, dass $p_\lambda \circ f_\lambda = (p \circ f)_\lambda$ gilt.

Da für alle $x = (x_n)_{n \in \mathbb{N}} \in \lambda(X)$ gilt

$$(p_\lambda \circ f_\lambda)(x) = p_\lambda \left(f (x_n)_{n \in \mathbb{N}} \right) = \left\| p \left(f (x_n)_{n \in \mathbb{N}} \right) \right\|_\lambda = (p \circ f)_\lambda \left((x_n)_{n \in \mathbb{N}} \right),$$

ist die Aussage wahr. $\qquad \square$

Der Satz zeigt also auch, dass durch den Übergang von $(X, \mathcal{T})$ zu $(\lambda(X), \mathcal{T}_\lambda)$ ein Funktor in der Kategorie der lokalkonvexen Räume definiert wird.

Außerdem ist insbesondere die Abbildung $\lambda(Y) \longrightarrow \lambda(X)$ stetig, wenn X und Y lokalkonvexe Räume mit stetiger Inklusion $Y \hookrightarrow X$ sind und λ ein normaler Banachscher Folgenraum ist.

Satz 2.5

Seien $\left(\lambda, \| \cdot \|_\lambda \right), \left(\mu, \| \cdot \|_\mu \right)$ normale Banachsche Folgenräume mit stetiger Inklusion $\mu \hookrightarrow \lambda$. Dann gilt für alle lokalkonvexen Räume $(X, \mathcal{T})$, dass die Inklusion $\left(\mu(X), \mathcal{T}_\mu \right) \hookrightarrow (\lambda(X), \mathcal{T}_\lambda)$ ebenfalls stetig ist.

Beweis:

Da nach Voraussetzung die Inklusion $\left(\mu, \| \cdot \|_\mu \right) \hookrightarrow \left(\lambda, \| \cdot \|_\lambda \right)$ stetig ist, gibt es ein $c > 0$, so dass für alle $x \in \mu$ gilt $\|x\|_\lambda \leq c\|x\|_\mu$. Also gilt mit einer

Halbnorm $p \in cs(X)$ für alle $x = (x_n)_{n \in \mathbb{N}} \in \mu(X)$, dass

$$p_\lambda(x) = \left\| (p(x_n))_{n \in \mathbb{N}} \right\|_\lambda \leq c \left\| (p(x_n))_{n \in \mathbb{N}} \right\|_\mu = c p_\mu(x).$$

Daraus folgt, dass $p_{\lambda|\mu(X)} \leq c p_\mu$ ist und somit ist $p_{\lambda|\mu(X)}$ stetig. $\qquad \square$

Definition und Bemerkung 2.6

(vgl. [9], Definition 4/6, S. 6)

Seien $(X, \mathscr{T})$ und $(Y, \mathscr{S})$ lokalkonvexe Räume mit stetiger Inklusion $Y \hookrightarrow X$ und
$(\lambda, \| \cdot \|_\lambda)$ sei ein normaler Banachscher Folgenraum. Dann ist die Abbildung

$$q : \bigoplus(X, \mathscr{T}) \times \lambda(Y, \mathscr{S}) \longrightarrow \lambda(X, \mathscr{T}), (x, y) \longmapsto x + y$$

linear und stetig. Folglich ist der Raum

$$F := \bigoplus(X, \mathscr{T}) + \lambda(Y, \mathscr{S}) := q\left(\bigoplus(X, \mathscr{T}) \times \lambda(Y, \mathscr{S}) \right),$$

versehen mit der Finaltopologie bzgl. q, ein lokalkonvexer Raum mit stetiger In-
klusion und in $\lambda(X, \mathscr{T})$ enthalten.

Wir definieren $\lambda(Y, \mathscr{S})_{k \geq n}$ als

$$\lambda(Y, \mathscr{S})_{k \geq n} := \left\{ (y_k)_{k \geq n} \in Y^{\mathbb{N}} : \mathop{\forall}_{p \in cs(X)} \left\| (0)_{k < n}, (p(y_k))_{k \geq n} \right\|_\lambda < \infty \right\}.$$

Diese Bezeichnung wollen wir auch im Weiteren benutzen und wir definieren
weiter

$$F_n := \mathop{\Pi}_{k < n}(X, \mathscr{T}) \times \lambda(Y, \mathscr{S})_{k \geq n}.$$

Versehen wir nun F_n mit der Topologie, wie sie auch in Definition 2.1 dargestellt *wird, so können wir feststellen, dass die Gleichheit*

$$F = \bigcup_{n \in \mathbb{N}} F_n = \operatorname{ind}_{n \in \mathbb{N}} F_n ,$$

algebraisch und topologisch gilt. Mit F bezeichnen wir den induktiver Limes vom Moscatellischen Typ. Eine Nullumgebungsbasis dieses induktiven Limes ist gegeben durch

$$\left\{ \bigoplus_{k \in \mathbb{N}} U_k + \left\{ (y_k)_{k \in \mathbb{N}} \in \lambda(Y) : \left\| (p(y_k))_{k \in \mathbb{N}} \right\|_\lambda < 1 \right\} \right\},$$

wobei p eine stetige Halbnorm in $(Y, \mathscr{S})$ ist und $(U_k)_{k \in \mathbb{N}}$ eine Folge von Nullumgebungen in $(X, \mathscr{T})$.

Wie in Lemma 2.2 gilt auch hier, dass für alle $n \in \mathbb{N}$ die Abbildung

$$j_n : (X, \mathscr{T}) \longrightarrow F, \ x \longmapsto (\delta_{nk} x)_{k \in \mathbb{N}}$$

ein topologischer Isomorphismus auf das Bild ist und dass die Projektionsabbildung $\operatorname{pr}_n : F \longrightarrow (X, \mathscr{T}), (x_k) \longmapsto x_n$ stetig ist.

Denn für alle $x \in X$ und alle $(U_k)_{k \in \mathbb{N}} \in \mathscr{U}_0(X)^{\mathbb{N}}$ liegt x genau dann in U_n, wenn gilt $j_n(x) \in \bigoplus_{k \in \mathbb{N}} U_k$. Sei also U_n eine Nullumgebung in $(X, \mathscr{T})$. Wähle nun für alle $k \in \mathbb{N} \backslash \{n\}$ eine beliebige Nullumgebung $U_k \in \mathscr{U}_0(X)$ und wähle eine Halbnorm $p \in \operatorname{cs}(Y)$, so dass gilt $\{y \in Y : p(y) < 1\} \subset \frac{1}{2\rho_n} U_n$. Dann ergibt sich die Stetigkeit mit

$$\operatorname{pr}_n \left(\bigoplus_{k \in \mathbb{N}} \tfrac{1}{2} U_k + \left\{ y \in \lambda(Y) : p_\lambda(y) < 1 \right\} \right) \subset \tfrac{1}{2} U_n + \rho_n \tfrac{1}{2\rho_n} U_n = U_n .$$

Wir betrachten nun eine Verallgemeinerung der obigen Konzeption, bei der zur Bildung des induktiven Limes drei lokalkonvexe Räume und zwei normale Banachsche Folgenräume herangezogen werden. Davon abgesehen erfolgt die Bildung analog zur obigen Beschreibung.

Definition und Bemerkung 2.7

Seien also $(X, \mathcal{T}), (Y, \mathcal{S})$ und $(Z, \mathcal{R})$ drei lokalkonvexe Räume mit stetigen Inklusionen $(Z, \mathcal{R}) \hookrightarrow (Y, \mathcal{S}) \hookrightarrow (X, \mathcal{T})$ und seien $(\lambda, \| \cdot \|_\lambda)$ und $(\mu, \| \cdot \|_\mu)$ normale Banachsche Folgenräume mit stetiger Inklusion $\mu \hookrightarrow \lambda$. Damit ist der induktive Limes $\bigoplus(X, \mathcal{T}) + \mu(Y, \mathcal{S}) + \lambda(Z, \mathcal{R})$ in $\lambda(X, \mathcal{T})$ enthalten und die zugehörige Topologie ist die Finaltopologie bzgl. der Abbildung

$$q : \bigoplus(X, \mathcal{T}) \times \mu(Y, \mathcal{S}) \times \lambda(Z, \mathcal{R}) \longrightarrow \lambda(X, \mathcal{T}), \ (x, y, z) \longmapsto x + y + z.$$

Diesen Raum bezeichnen wir als induktiven Limes vom verallgemeinerten Moscatellischen Typ. Eine zugehörige Nullumgebungsbasis ist gegeben durch Mengen der Form

$$\bigoplus_{n \in \mathbb{N}} U_n + \left\{ (y_n)_{n \in \mathbb{N}} \in \mu(Y) : \left\| (p(y_n))_{n \in \mathbb{N}} \right\|_\mu \leq 1 \right\}$$
$$+ \left\{ (z_n)_{n \in \mathbb{N}} \in \lambda(Z) : \left\| (r(z_n))_{n \in \mathbb{N}} \right\|_\lambda \leq 1 \right\},$$

wobei gilt, dass die Folge $(U_n)_{n \in \mathbb{N}}$ in $\mathcal{U}_0(X, \mathcal{T})^{\mathbb{N}}$, p in $\mathrm{cs}(Y)$ und r in $\mathrm{cs}(Z)$ liegt und wir ohne Einschränkung annehmen können, dass $r \geq p_{|Z}$ ist.

Wieder ist die Abbildung $j_n : (X, \mathcal{T}) \longrightarrow \bigoplus X + \mu(Y) + \lambda(Z), x \longmapsto (\delta_{nk} x)_{k \in \mathbb{N}}$ für alle $n \in \mathbb{N}$ ein topologischer Isomorphismus auf das Bild und auch die Projektion $\mathrm{pr}_n : \bigoplus X + \mu(Y) + \lambda(Z) \longrightarrow (X, \mathcal{T}), (x_k)_{k \in \mathbb{N}} \longmapsto x_n$ ist stetig.

Wichtige Aussagen bezüglich der topologischen Isomorphie zwischen den beiden vorgestellten induktiven Limiten werden im nächsten Satz bewiesen. Diese Aussagen sind wesentlich für die Beweise in den folgenden Kapiteln.

Satz 2.8

Seien $(X, \mathcal{T}), (Y, \mathcal{S})$ und $(Z, \mathcal{R})$ lokalkonvexe Räume mit stetigen Inklusionen $(Z, \mathcal{R}) \hookrightarrow (Y, \mathcal{S}) \hookrightarrow (X, \mathcal{T})$. Mit $(\lambda, \|\cdot\|_\lambda)$ sei ein normaler Banachscher Folgenraum gegeben und μ sei definiert durch $\overline{\varphi}^\lambda$, wobei $\varphi = \bigoplus \mathbb{K}$ ist. Dann sind die Inklusionen $\bigoplus X + \mu(Y) \hookrightarrow \bigoplus X + \mu(Y) + \lambda(Z) \hookrightarrow \bigoplus X + \lambda(Y)$ stetig und die Inklusionsabbildungen

$$\bigoplus X + \mu(Y) \longrightarrow \bigoplus X + \mu(Y) + \lambda(Z)$$
$$\bigoplus X + \mu(Y) \longrightarrow \bigoplus X + \lambda(Y)$$

sind topologische Isomorphismen auf das jeweils abgeschlossene Bild. Falls nun Z sogar ein topologischer Teilraum von Y ist, dann ist auch die Abbildung

$$j : \bigoplus X + \mu(Y) + \lambda(Z) \longrightarrow \bigoplus X + \lambda(Y)$$

ein topologischer Isomorphismus auf das Bild.

Beweis:

Zunächst zeigen wir, dass die Abbildung $\bigoplus X + \mu(Y) \longrightarrow \bigoplus X + \mu(Y) + \lambda(Z)$ ein topologischer Isomorphismus auf das abgeschlossene Bild ist. Zur Vereinfachung definieren wir dazu die beiden induktiven Limiten $L := \bigoplus X + \mu(Y)$ und $E := \bigoplus X + \mu(Y) + \lambda(Z)$. Seien $x = (x_k)_{k \in \mathbb{N}} \in \bigoplus X$, $y = (y_k)_{k \in \mathbb{N}} \in \mu(Y)$ und $z = (z_k)_{k \in \mathbb{N}} \in \lambda(Z)$ so gegeben, dass $c := x + y + z$ in E, aber nicht in L liegt. Dann folgt, dass z nicht in L liegt und damit auch nicht in $\mu(Y)$. Also existiert eine Nullumgebung V in Y, so dass $(p_V(z_k))_{k \in \mathbb{N}}$ nicht in μ liegt.

Daraus folgt, dass $\left\|\left((0)_{k<n},(p_V(z_k))_{k\geq n}\right)\right\|_\lambda$ für $n\to\infty$ nicht gegen 0 konvergiert. Somit existiert ein $\varepsilon>0$, so dass für alle $n\in\mathbb{N}$ gilt

$$\left\|\left((0)_{k<n},(p_V(z_k))_{k\geq n}\right)\right\|_\lambda\geq\varepsilon.\quad(\star)$$

Nun ist zu zeigen, dass mit den Nullumgebungen

$$\widetilde{V}:=\left\{(v_k)_{k\in\mathbb{N}}\in\mu(Y):\left\|(p_V(v_k))_{k\in\mathbb{N}}\right\|_\lambda<\frac{\varepsilon}{3}\right\}\quad\text{und}$$

$$\widetilde{W}:=\left\{(z_k)_{k\in\mathbb{N}}\in\lambda(Z):\left\|(p_{V\cap Z}(z_k))_{k\in\mathbb{N}}\right\|_\lambda<\frac{\varepsilon}{3}\right\}$$

gilt

$$\left(c+\bigoplus X+\widetilde{V}+\widetilde{W}\right)\cap\left(\bigoplus X+\mu(Y)\right)=\emptyset.$$

Wir nehmen dazu das Gegenteil an. Damit existieren $u=(u_k)_{k\in\mathbb{N}}\in\bigoplus X$, $v=(v_k)_{k\in\mathbb{N}}\in\widetilde{V}$, $w=(w_k)_{k\in\mathbb{N}}\in\widetilde{W}$ und ebenfalls $a=(a_k)_{k\in\mathbb{N}}\in\bigoplus X$, $b=(b_k)_{k\in\mathbb{N}}\in\mu(Y)$, so dass gilt

$$x+y+z+u+v+w=a+b.$$

Nun wählen wir ein $k_0\in\mathbb{N}$, so dass $x_k=u_k=a_k=0$ für alle $k\geq k_0$ gilt. Also folgt für alle $n\geq k_0$, dass $\left((0)_{k<n},(b_k-y_k-v_k)_{k\geq n}\right)$ in $\mu(Y)$ liegt. Dann gibt es ein $\widetilde{n}\geq k_0$, so dass

$$\left\|\left((0)_{k<\widetilde{n}},(p_V(z_k+w_k))_{k\geq\widetilde{n}}\right)\right\|_\lambda<\frac{\varepsilon}{3}$$

gilt und mit der negativen Dreiecksungleichung folgt

$$\left\|\left((0)_{k<\widetilde{n}},(p_V(z_k))_{k\geq\widetilde{n}}\right)\right\|_\lambda-\left\|\left((0)_{k<\widetilde{n}},(p_V(w_k))_{k\geq\widetilde{n}}\right)\right\|_\lambda\leq\frac{\varepsilon}{3}.$$

Hierbei nutzen wir aus, dass gilt

$$\left\| \left((0)_{k<\tilde{n}}, (p_V(w_k))_{k\geq\tilde{n}} \right) \right\|_\lambda = \left\| \left((0)_{k<\tilde{n}}, (p_{V\cap Z}(w_k))_{k\geq\tilde{n}} \right) \right\|_\lambda \leq \frac{\varepsilon}{3}.$$

Es gilt dann

$$\left\| \left((0)_{k<\tilde{n}}, (p_V(z_k))_{k\geq\tilde{n}} \right) \right\|_\lambda \leq \frac{2}{3}\varepsilon,$$

was einen Widerspruch zu $(\star)$ darstellt.

Als nächstes zeigen wir, dass die offenbar stetige Inklusionsabbildung $\bigoplus X + \mu(Y) \hookrightarrow \bigoplus X + \mu(Y) + \lambda(Z)$ offen auf das Bild ist.

Seien hierzu eine Folge von Nullumgebungen $(U_k)_{k\in\mathbb{N}} \in \mathscr{U}_0(X)^{\mathbb{N}}$ und eine Halbnorm $p \in \mathrm{cs}(Y)$ gegeben. Daraus folgt zunächst, dass auch $p_{|Z}$ eine stetige Halbnorm auf Z ist. Dann gilt mit den Nullumgebungen $V := \left\{ y \in \mu(Y) : p_\mu(y) < \frac{1}{2} \right\}$ und $W := \left\{ z \in \lambda(Z) : \left(p_{|Z} \right)_\lambda (z) < \frac{1}{2} \right\}$, dass

$$\left(\bigoplus X + \mu(Y) \right) \cap \left(\bigoplus U_k + V + W \right) \subset \bigoplus U_k + \left\{ y \in \mu(Y) : p_\mu(y) < 1 \right\}.$$

Dies gilt in der Tat, da ein Element von $\left(\bigoplus X + \mu(Y) \right) \cap \left(\bigoplus U_k + V + W \right)$ die Darstellung $x + y = u + v + w$ hat, wobei $x \in \bigoplus X$, $y \in \mu(Y)$, $u \in \bigoplus X$, $v \in \mu(Y)$, so dass $\left\| (p(v_k))_{k\in\mathbb{N}} \right\|_\mu < \frac{1}{2}$ und $w \in \lambda(Z)$, so dass $\left\| (p(w_k))_{k\in\mathbb{N}} \right\|_\lambda < \frac{1}{2}$.

Es gibt wieder ein $k_0 \in \mathbb{N}$, so dass $x_k = u_k = 0$ für alle $k \geq k_0$ ist. Damit folgt, dass $\left((0)_{k<k_0}, (w_k)_{k\geq k_0} \right)$ in $\mu(Y)$ enthalten ist. Außerdem gilt $\left\| (p(w_k))_{k\in\mathbb{N}} \right\|_\mu < \frac{1}{2}$ weil $\left\| (p(w_k))_{k\in\mathbb{N}} \right\|_\lambda < \frac{1}{2}$ ist. Also ist $p_\mu(y + w) < \frac{1}{2} + \frac{1}{2} = 1$.

Somit ist die erste Aussage des Satzes bewiesen.

Jetzt zeigen wir, dass $\bigoplus X + \mu(Y)$ abgeschlossen ist in $\bigoplus X + \lambda(Y)$.

Seien hierzu $x \in \bigoplus X$ und $y \in \lambda(Y)$, so dass $x + y \notin \bigoplus X + \mu(Y)$. Dann ist insbesondere $y \notin \mu(Y)$ und damit existiert eine Halbnorm $p \in cs(Y)$ und ein $\varepsilon > 0$, so dass für alle $n \in \mathbb{N}$ gilt

$$\left\| \left((0)_{k<n}, \left(p\left(y_k\right)\right)_{k\geq n}\right)\right\|_\lambda \geq \varepsilon. \quad (\star\star)$$

Also ist $\bigoplus X + \left\{ v \in \lambda(Y) : p_\lambda(v) < \frac{\varepsilon}{2}\right\}$ eine Nullumgebung in $\bigoplus X + \lambda(Y)$.
Wir nehmen an, dass gilt

$$\left(x + y + \left(\bigoplus X + \left\{v \in \lambda(Y) : p_\lambda(v) < \tfrac{\varepsilon}{2}\right\}\right)\right) \cap \left(\bigoplus X + \mu(Y)\right) \neq \emptyset.$$

Dann gibt es also $u \in \bigoplus X$, $v \in \lambda(Y)$ mit $p_\lambda(v) < \frac{\varepsilon}{2}$, $a \in \bigoplus X$ und $b \in \mu(Y)$, so dass $x + y + u + v = a + b$ ist.

Da x, u und a finit sind, gibt es ein $k_0 \in \mathbb{N}$, so dass für alle $k \geq k_0$ gilt $b_k = y_k + v_k$. Da weiter b in $\mu(Y)$ enthalten ist, gibt es ein $k_1 \geq k_0$, so dass $p_\mu\left(\left((0)_{k<k_1}, (b_k)_{k\geq k_1}\right)\right) < \frac{\varepsilon}{2}$ ist.
Daraus folgt

$$\begin{aligned}
&p_\lambda\left(\left((0)_{k<k_1}, (y_k)_{k\geq k_1}\right)\right) \\
&\leq p_\lambda\left(\left((0)_{k<k_1}, (b_k)_{k\geq k_1}\right)\right) + p_\lambda\left(\left((0)_{k<k_1}, (v_k)_{k\geq k_1}\right)\right) \\
&< \frac{\varepsilon}{2} + \frac{\varepsilon}{2} < \varepsilon.
\end{aligned}$$

Durch diesen Widerspruch zu $(\star\star)$ ist gezeigt, dass $\bigoplus X + \mu(Y)$ abgeschlossen ist in $\bigoplus X + \lambda(Y)$.

Für den Beweis, dass $\bigoplus X + \mu(Y) \longrightarrow \bigoplus X + \lambda(Y)$ ein topologischer Isomorphismus auf das Bild ist, seien die Nullumgebungen $(U_n)_{n\in\mathbb{N}} \in \mathscr{U}_0(X)^{\mathbb{N}}$ und

$V \in \mathscr{U}_0(Y)$ gegeben. Dann ist der Schnitt

$$\left(\bigoplus_{k \in \mathbb{N}} U_k + \left\{ (y_k)_{k \in \mathbb{N}} \in \lambda(Y) : \left\| (p_V (y_k))_{k \in \mathbb{N}} \right\|_\lambda \leq 1 \right\} \right) \cap (\bigoplus X + \mu(Y))$$

eine Teilmenge der Nullumgebung

$$M := \bigoplus_{k \in \mathbb{N}} U_k + \left\{ (\widehat{y}_k)_{k \in \mathbb{N}} \in \mu(Y) : \left\| (p_V (\widehat{y}_k))_{k \in \mathbb{N}} \right\|_\mu \leq 1 \right\}.$$

Um dies zu zeigen seien $(x_k)_{k \in \mathbb{N}} \in \bigoplus_{k \in \mathbb{N}} U_k$, $(\widehat{x}_k)_{k \in \mathbb{N}} \in \bigoplus X$, $(\widehat{y}_k)_{k \in \mathbb{N}} \in \mu(Y)$ und $(y_k)_{k \in \mathbb{N}} \in \left\{ (y_k)_{k \in \mathbb{N}} \in \lambda(Y) : \left\| (p_V (y_k))_{k \in \mathbb{N}} \right\|_\lambda \leq 1 \right\}$, so dass gilt

$$(x_k)_{k \in \mathbb{N}} + (y_k)_{k \in \mathbb{N}} = (\widehat{x}_k)_{k \in \mathbb{N}} + (\widehat{y}_k)_{k \in \mathbb{N}} \in M.$$

Dann gibt es $k_0 \in \mathbb{N}$, so dass $x_k = \widehat{x}_k = 0$ für alle $k \geq k_0$ gilt. Daraus folgt, dass $\left((0)_{k < k_0}, (y_k)_{k \geq k_0} \right) = \left((0)_{k < k_0}, (\widehat{y}_k)_{k \geq k_0} \right)$ ist. Also ist $\left((0)_{k < k_0}, (y_k)_{k \geq k_0} \right)$ in $\mu(Y)$ enthalten.

Um nun zu zeigen, dass die Abbildung $\bigoplus X + \mu(Y) + \lambda(Z) \hookrightarrow \bigoplus X + \lambda(Y)$ offen auf das Bild ist, wenn $Z \subset Y$ sogar topologischer Teilraum ist, seien die Nullumgebungen $(U_k)_{k \in \mathbb{N}} \in \mathscr{U}_0(X)^{\mathbb{N}}$, $V \in \mathscr{U}_0(Y)$ und $W \in \mathscr{U}_0(Z)$ gegeben. Wir können ohne Einschränkung $W = V \cap Z$ voraussetzen, da Z topologischer Teilraum von Y ist.

Damit zeigen wir, dass die Nullumgebung

$$(\bigoplus X + \mu(Y) + \lambda(Z))$$
$$\cap \bigoplus U_k + \left\{ (y_k)_{k \in \mathbb{N}} \in \lambda(Y) : \left\| (p_V (y_k))_{k \in \mathbb{N}} \right\|_\lambda \leq 1 \right\}$$

enthalten ist in

$$\bigoplus U_k + 2 \left\{ (y_k)_{k \in \mathbb{N}} \in \mu(Y) : \left\| (p_V (y_k))_{k \in \mathbb{N}} \right\|_\mu \leq 1 \right\}$$
$$+ 2 \left\{ (z_k)_{k \in \mathbb{N}} \in \lambda(Z) : \left\| (p_W (z_k))_{k \in \mathbb{N}} \right\|_\lambda \leq 1 \right\} .$$

Für den Beweis seien $x \in \bigoplus X$, $y \in \mu(Y)$, $z \in \lambda(Z)$, $u \in \bigoplus U_k$ und $v \in \lambda(Y)$
mit $\left\| (p_V (y_k))_{k \in \mathbb{N}} \right\|_\lambda \leq 1$ so gegeben, dass gilt $x + y + z = u + v$.

Es gibt ein $k_0 \in \mathbb{N}$, so dass für alle $k \geq k_0$ gilt $x_k = u_k = 0$ und es gibt $k_1 \geq k_0$,
so dass $\left\| \left((0)_{k < k_1}, (p_V (y_k))_{k \geq k_1} \right) \right\|_\mu \leq 1$ gilt.

Damit folgt, dass $\left\| \left((0)_{k < k_1}, (p_W (z_k))_{k \geq k_1} \right) \right\|_\lambda \leq 2$.

Nun ist andererseits $\left((u_k)_{k < k_1}, (0)_{k \geq k_1} \right) + \left((v_k)_{k < k_1}, (0)_{k \geq k_1} \right)$ enthalten in
$\bigoplus U_k + \left\{ (y_k)_{k \in \mathbb{N}} \in \mu(Y) : \left\| (p_V (y_k))_{k \in \mathbb{N}} \right\|_\mu \leq 1 \right\}$.

Insgesamt folgt

$$x + y + z = u + v$$
$$\in \bigoplus U_k + 2 \left\{ (y_k)_{k \in \mathbb{N}} \in \mu(Y) : \left\| (p_V (y_k))_{k \in \mathbb{N}} \right\|_\mu \leq 1 \right\}$$
$$+ 2 \left\{ (z_k)_{k \in \mathbb{N}} \in \lambda(Z) : \left\| (p_W (z_k))_{k \in \mathbb{N}} \right\|_\lambda \leq 1 \right\} .$$

Damit sind die Aussagen des Satzes vollständig bewiesen. $\qquad\square$

Auch in dem Fall, dass Z ein topologischer Teilraum von Y ist, braucht der
induktive Limes $\bigoplus X + \mu(Y) + \lambda(Z)$ in $\bigoplus X + \lambda(Y)$ nicht abgeschlossen zu
sein, wie für $\lambda = l^\infty$, Y normiert und Z echter, dichter topologischer Teilraum
von Y leicht zu sehen ist.

Das folgende Beispiel zeigt, dass $\bigoplus X + c_0(Y) + l^\infty(Z)$ kein topologischer
Teilraum von $\bigoplus X + l^\infty(Y)$ zu sein braucht. Dabei wird X definiert als Y.

Beispiel 2.9

Seien Y und Z lokalkonvexe Räume mit stetiger Inklusion $Z \hookrightarrow Y$, so dass Z kein topologischer Teilraum von Y ist und dass $\mathscr{U}_0(Z)$ eine Basis aus Mengen besitzt, die in Y abgeschlossen sind (etwa $Z := l^1$ und $Y := l^2$). Dann ist $c_0(Y) + l^\infty(Z)$ kein topologischer Teilraum von $l^\infty(Y)$.

Wir nehmen das Gegenteil an. Nach Voraussetzung existiert eine Nullumgebung $W \in \mathscr{U}_0(Z)$, die in Y abgeschlossen ist, und für alle Nullumgebungen $V \in \mathscr{U}_0(Y)$ gilt $V \cap Z \not\subset W$. Gemäß der Annahme folgt, dass eine Nullumgebung $V \in \mathscr{U}_0(Y)$ existiert mit $V^{\mathbb{N}} \cap \left(c_0(Y) + l^\infty(Z)\right) \subset c_0(Y) + W^{\mathbb{N}} \cap l^\infty(Z)$.

Weiter gibt es ein $z \in V \cap Z$ mit $z \notin W$.

Damit ist $(z)_{k \in \mathbb{N}}$ in $c_0(Y) + W^{\mathbb{N}} \subset l^\infty(Z)$ enthalten und es folgt weiter, dass $(y_k)_{k \in \mathbb{N}} \in c_0(Y)$ und $(w_k)_{k \in \mathbb{N}} \in W^{\mathbb{N}} \cap l^\infty(Z)$ existieren, so dass $z = y_k + w_k$, für alle $k \in \mathbb{N}$ gilt.

Da z in Y gegen z konvergiert und y_k gegen 0, folgt, dass w_k in Y gegen z konvergiert, also $z \in \overline{W} = W$ und damit ergibt sich ein Widerspruch zu $z \notin W$.

Die in dem vorangegangenen Beispiel 2.9 benutzte Konstruktionsmethode läßt sich zu einem Satz verallgemeinern.

Satz 2.10

Seien $(Z, \mathscr{R}), (Y, \mathscr{S})$ und $(X, \mathscr{T})$ lokalkonvexe, separierte Räume mit stetigen Inklusionen $(Z, \mathscr{R}) \hookrightarrow (Y, \mathscr{S}) \hookrightarrow (X, \mathscr{T})$. Weiter sei $(\lambda, \|\cdot\|_\lambda)$ ein normaler Banachscher Folgenraum mit „normed unit vectors (nuv)". Es gilt also für alle $k \in \mathbb{N}$, dass $\left\|(\delta_{kn})_{n \in \mathbb{N}}\right\|_\lambda = 1$ ist. Außerdem sei $\lambda \not\subset c_0$ und μ sei definiert durch $\overline{\varphi}^\lambda$. Ferner sei eine der beiden folgenden Bedingungen erfüllt:

(i) Alle separablen, beschränkten Teilmengen von $(Z, \mathscr{R})$ sind relativ schwach kompakt.

(ii) $\mathcal{U}_0(Z,\mathcal{R})$ hat eine Basis aus $\mathcal{S}$-abgeschlossenen Mengen.

Ist nun die Relativtopologie $\mathcal{S} \cap Z$ echt gröber als $\mathcal{R}$, dann gilt, dass auch die Topologie des induktiven Limes $E := \bigoplus X + \mu(Y) + \lambda(Z)$ echt feiner ist als die von $\bigoplus X + \lambda(Y)$ auf E induzierte Relativtopologie.

Beweis:

Nach Voraussetzung existiert eine Nullumgebung $U = \overline{\Gamma U}^Z \in \mathcal{U}_0(Z,\mathcal{R})$, so dass für alle Nullumgebungen $V \in \mathcal{U}_0(Y,\mathcal{S})$ gilt

$$V \cap Z \not\subseteq U. \quad (\star)$$

Im Fall von Bedingung (ii) wird hierbei angenommen, dass $U = \overline{U}^{\mathcal{S}}$ gilt. Wir definieren eine Nullumgebung in E durch

$$\hat{U} := \bigoplus X + \mu(Y) + \left\{ (u_n)_{n \in \mathbb{N}} \in \lambda(Z) : \left\| \left(p_U \left(u_n \right) \right)_{n \in \mathbb{N}} \right\|_\lambda \leq 1 \right\}.$$

Nun nehmen wir an, es existieren Nullumgebungen $V = \overline{\Gamma V}^Y \in \mathcal{U}_0(Y)$ und $(U_n)_{n \in \mathbb{N}} \in \mathcal{U}_0(X)^{\mathbb{N}}$, so dass gilt

$$\left(\left\{ (u_n)_{n \in \mathbb{N}} \in \lambda(Y) : \left\| \left(p_V \left(u_n \right) \right)_{n \in \mathbb{N}} \right\|_\lambda \leq 1 \right\} + \bigoplus_{n \in \mathbb{N}} U_n \right) \cap E \subset \hat{U}. \quad (\star\star)$$

Da nach Voraussetzung $\lambda \not\subseteq c_0$ gilt, gibt es eine Folge $(\alpha_n)_{n \in \mathbb{N}} \in \lambda \backslash c_0$, wobei wir ohne Einschränkung annehmen können, dass für alle $n \in \mathbb{N}$ gilt $\alpha_n \geq 0$ und $\left\| (\alpha_n)_{n \in \mathbb{N}} \right\|_\lambda = 1$. Folglich gibt es eine Teilfolge $\left(\alpha_{n_k} \right)_{k \in \mathbb{N}}$ und ein $\delta > 0$, so dass $\alpha_{n_k} \geq \delta$ für alle $k \in \mathbb{N}$ gilt. Darüber hinaus können wir annehmen, dass $\alpha_n > 0$, $n \in \mathbb{N}$ gilt.

Nun folgt mit $(\star)$, dass ein $v \in \delta(V \cap Z) \backslash U = (\delta V \cap Z) \backslash U$ existiert. Damit zeigen wir zunächst, dass $(\alpha_n v)_{n \in \mathbb{N}} \in \lambda(Z) \subset E$ gilt.

Hierzu sei $W = \Gamma W \in \mathcal{U}_0(Z)$ gegeben. Dann existiert ein $\rho > 0$ mit $\frac{1}{\rho}v \in W$ und es folgt für alle $n \in \mathbb{N}$, dass

$$0 \leq p_W \left(\frac{1}{\rho}\alpha_n v\right) = \alpha_n p_W \left(\frac{1}{\rho}v\right) \leq \alpha_n .$$

Da λ ein normaler Banachscher Folgenraum ist, gilt $\left(p_W \left(\frac{1}{\rho}\alpha_n v\right)\right)_{n \in \mathbb{N}} \in \lambda$ und mit $\left\| \left(p_W \left(\frac{1}{\rho}\alpha_n v\right)\right)_{n \in \mathbb{N}} \right\|_\lambda \leq 1$ folgt $\left\| (p_W (\alpha_n v))_{n \in \mathbb{N}} \right\|_\lambda \leq \rho < \infty$. Ferner gilt für alle $n \in \mathbb{N}$, dass $p_V (\alpha_n v) = \alpha_n p_V(v) = \alpha_n \delta p_V \left(\frac{1}{\delta}v\right) \leq \delta \alpha_n$. Wegen der Normalität von λ folgt

$$\left\| (p_V (\alpha_n v))_{n \in \mathbb{N}} \right\|_\lambda \leq \delta \left\| (\alpha_n)_{n \in \mathbb{N}} \right\|_\lambda = \delta .$$

Nun ist $\left(\frac{1}{\rho}\alpha_n v\right)_{n \in \mathbb{N}}$ enthalten in

$$\left(\left\{ (u_n)_{n \in \mathbb{N}} \in \lambda(Y) : \left\| (p_V (u_n))_{n \in \mathbb{N}} \right\|_\lambda \leq 1 \right\} + \bigoplus_{n \in \mathbb{N}} U_n \right) \cap E,$$

also gilt mit ($\star\star$), dass $\left(\frac{1}{\rho}\alpha_n v\right)_{n \in \mathbb{N}}$ in $\widehat{U}$ enthalten ist. Folglich gibt es $(u_n)_{n \in \mathbb{N}}$ in $\lambda(Z)$ mit $\left\| (p_U (u_n))_{n \in \mathbb{N}} \right\|_\lambda \leq 1$, $(x_n)_{n \in \mathbb{N}}$ in $\bigoplus_{n \in \mathbb{N}} X$ und $(y_n)_{n \in \mathbb{N}}$ in $\mu(Y)$, so dass für alle $n \in \mathbb{N}$ gilt $\frac{1}{\rho}\alpha_n v = u_n + x_n + y_n$. Damit existiert ein $n_0 \in \mathbb{N}$, so dass für alle $n \geq n_0$ gilt $\frac{1}{\rho}\alpha_n v = u_n + y_n$ und es folgt

$$\frac{1}{\rho}v = \frac{1}{\alpha_n}u_n + \frac{1}{\alpha_n}y_n . \qquad (\star\star\star)$$

Gilt nun $n_0 < n_1 < n_2 < ...$, dann ist zu zeigen, dass $\frac{1}{\alpha_{n_k}}y_{n_k}$ in $(Y, \mathscr{S})$ gegen 0 konvergiert.

Da für alle $k \in \mathbb{N}$ gilt $\frac{1}{\alpha_{n_k}} \leq \frac{1}{\delta}$, genügt es hier zu zeigen, dass $(y_n)_{n \in \mathbb{N}}$ in $c_0(Y)$ liegt. Aufgrund von (nuv) gilt $\mu \subset c_0$ und damit folgt, dass $(y_n)_{n \in \mathbb{N}}$ enthalten ist in $\mu(Y) \subset c_0(Y, \mathscr{S})$.

Aus $(\star\star\star)$ folgt nun, dass $\frac{1}{\alpha_{n_k}} u_{n_k}$ gegen $\frac{1}{\delta} v$ in $(Y, \mathscr{S})$ konvergiert und damit folgt weiter

$$\left\| \left(p_U \left(\tfrac{1}{\delta} u_n \right) \right)_{n \in \mathbb{N}} \right\|_\lambda = \tfrac{1}{\delta} \left\| \left(p_U \left(u_n \right) \right)_{n \in \mathbb{N}} \right\|_\lambda \leq \tfrac{1}{\delta}.$$

Da λ die Eigenschaft „normed unit vectors" besitzt, gilt für alle $k \in \mathbb{N}$, dass $p_U \left(\tfrac{1}{\delta} u_{n_k} \right) \leq \tfrac{1}{\delta}$ gilt und damit ist $u_{n_k} \in U$. Weil $\frac{1}{\alpha_{n_k}} \leq \frac{1}{\delta}$ für alle $k \in \mathbb{N}$ gilt, ist $\left\{ \frac{1}{\alpha_{n_k}} u_{n_k} : k \in \mathbb{N} \right\} \subset \frac{1}{\delta} U$.

In dem Fall, dass Bedingung (i) erfüllt ist, ist $B := \Gamma \left(\left\{ \frac{1}{\alpha_{n_k}} u_{n_k} : k \in \mathbb{N} \right\} \right)$ separabel und beschränkt in $(Z, \mathscr{R})$, da wegen (nuv) $(u_n)_{n \in \mathbb{N}} \in \lambda(Z) \subset l^\infty(Z)$ gilt. Also ist $\overline{B}^{\sigma(Z,Z')}$ kompakt in $(Z, \sigma(Z, Z'))$ und $\overline{B}^{\sigma(Z,Z')}$ ist kompakt und abgeschlossen in dem Hausdorffraum $\left(Y, \sigma(Y, Y') \right)$. Es folgt

$$\tfrac{1}{\delta} v \in \overline{B}^{\mathscr{S}} \subset \overline{B}^{\sigma(Y,Y')} = \overline{B}^{\sigma(Z,Z')} = \overline{B}^{\mathscr{R}} \subset \overline{\tfrac{1}{\delta} U}^{\mathscr{R}} = \tfrac{1}{\delta} U.$$

Also gilt $v \in U$. Dies ist aber ein Widerspruch zu $v \in \delta(V \cap Z) \backslash U$.

Die Bedingung (ii) führt zu dem gleichen Widerspruch, denn für alle $k \in \mathbb{N}$ gilt, dass $\frac{1}{\alpha_{n_k}} u_{n_k} \in \frac{1}{\delta} U$, weil $\frac{1}{\alpha_{n_k}} u_{n_k}$ in $(Y, \mathscr{S})$ gegen $\frac{1}{\delta} v$ konvergiert. Und es folgt wieder, dass

$$\tfrac{1}{\rho} v \in \overline{\tfrac{1}{\delta} U}^{\mathscr{S}} = \tfrac{1}{\delta} \overline{U}^{\mathscr{S}} = \tfrac{1}{\delta} U.$$

Somit gilt abermals $v \in U$. $\qquad\square$

Die Bedingung (i), dass alle separablen, beschränkten Teilmengen von $(Z, \mathscr{R})$ relativ schwach kompakt sind, ist sicher dann erfüllt, wenn $(Z, \mathscr{R})$ halbreflexiv ist.

3 Regularität und α-Regularität

In diesem Kapitel sollen Regularität und α-Regularität für induktive Limiten vom gewöhnlichen und verallgemeinerten Moscatellischen Typ charakterisiert werden. Hierbei heißt eine induktive Folge $\left(X_n, \mathcal{T}_n\right)_{n \in \mathbb{N}}$ von lokalkonvexen Räumen, d. h. die Inklusionsabbildung $\left(X_n, \mathcal{T}_n\right) \hookrightarrow \left(X_{n+1}, \mathcal{T}_{n+1}\right)$ ist also für alle $n \in \mathbb{N}$ stetig, **α-regulär** bzw. **regulär**, wenn zu jeder beschränkten Teilmenge B des induktiven Limes $\underset{n \to \infty}{\mathrm{ind}}\,\left(X_n, \mathcal{T}_n\right)$ ein $n \in \mathbb{N}$ so existiert, dass B eine Teilmenge bzw. eine beschränkte Teilmenge der Stufe $\left(X_n, \mathcal{T}_n\right)$ ist. Die Regularität ist eine wesentliche Qualifikationseigenschaft für LF-Räume. Zum Beispiel folgt aus dem Theorem A von A. Grothendieck, dass LF-Räume genau dann regulär sind, wenn sie Mackey-vollständig sind.

Lemma 3.1

Seien X, Y und Z lokalkonvexe Räume mit stetigen Inklusionen $Z \hookrightarrow Y \hookrightarrow X$. Ein normaler Banachscher Folgenraum sei durch λ gegeben und μ sei definiert durch $\overline{\varphi}^{\lambda}$. Weiter seien die beiden induktiven Limiten E und F definiert durch $E := \bigoplus X + \mu(Y) + \lambda(Z)$ und $F := \bigoplus X + \lambda(Y)$, wobei jeweils die Stufen als $E_n := X^{n-1} \times \left(\mu(Y)_{k \geq n} + \lambda(Z)_{k \geq n}\right)$ und $F_n := X^{n-1} \times \left(\lambda(Y)_{k \geq n}\right)$ definiert seien. Dann gilt für alle $n \in \mathbb{N}$:

(i) $E_n = E \cap F_n$

(ii) E_n trägt die Initialtopologie bzgl. der kanonischen Inklusionen $E_n \hookrightarrow F_n$ und $E_n \hookrightarrow E$.

Beweis:

(i) Es ist nur zu zeigen, dass $E \cap F_n$ in E_n enthalten ist.

Seien dazu ein $n \in \mathbb{N}$ und $a = (a_k)_{k \in \mathbb{N}} \in E \cap F_n$ gegeben. Dann existieren einerseits $x = (x_k)_{k \in \mathbb{N}} \in \bigoplus X$, $y = (y_k)_{k \in \mathbb{N}} \in \mu(Y)$ und $z = (z_k)_{k \in \mathbb{N}} \in \lambda(Z)$, so dass $a = x + y + z$ gilt und andererseits liegt $\left((0)_{k<n}, (a_k)_{k \geq n} \right)$ in $\lambda(Y)$. Da also gilt

$$\left((0)_{k<n}, (a_k)_{k \geq n} \right)$$
$$= \left((0)_{k<n}, (x_k)_{k \geq n} \right) + \left((0)_{k<n}, (y_k)_{k \geq n} \right) + \left((0)_{k<n}, (z_k)_{k \geq n} \right),$$

liegt $\left((0)_{k<n}, (x_k)_{k \geq n} \right)$ in

$$\left(\bigoplus X \right) \cap \left(\lambda(Y) - \mu(Y) - \lambda(Z) \right) \subset \left(\bigoplus X \right) \cap \lambda(Y) \subset \bigoplus Y \subset \mu(Y).$$

Somit ist $\left((0)_{k<n}, (a_k)_{k \geq n} \right)$ enthalten in $\mu(Y) + \mu(Y) + \lambda(Z)$.

(ii) Offenbar sind beide Inklusionen stetig. Um die andere Richtung zu zeigen, seien $U_1, \dots, U_{n-1}$ Nullumgebungen in X, V eine absolutkonvexe Nullumgebung in Y und W eine absolutkonvexe Nullumgebung in Z gegeben. Dann ist mit

$$\widetilde{V} := \left\{ (y_k)_{k \geq n} \in \lambda(Y)_{k \geq n} : \left\| \left((0)_{k<n}, (p_V((y_k))_{k \geq n}) \right) \right\|_\lambda \leq 1 \right\}$$

eine Nullumgebung in F_n gegeben durch

$$\mathscr{U} := U_1 \times \dots \times U_{n-1} \times \widetilde{V} \in \mathscr{U}_0(F_n).$$

Wir definieren weiter

$$V^1 := \left\{ (y_k)_{k \in \mathbb{N}} \in \mu(Y) : \left\| (p_V (y_k))_{k \in \mathbb{N}} \right\|_\mu \leq 1 \right\},$$

$$W^1 := \left\{ (z_k)_{k \geq n} \in \lambda(Z) : \left\| (p_W (z_k))_k \right\|_\lambda \leq 1 \right\} \quad \text{und damit}$$

$$\mathscr{V} := \bigoplus X + V^1 + W^1.$$

Nun zeigen wir, dass mit

$$V^2 := \left\{ (v_k)_{k \geq n} \in \mu(Y)_{k \geq n} : \left\| \left((0)_{k < n}, (p_V (v_k))_{k \geq n} \right) \right\|_\mu \leq 1 \right\} \quad \text{und}$$

$$W^2 := \left\{ (w_k)_{k \geq n} \in \lambda(Z)_{k \geq n} : \left\| \left((0)_{k < n}, (p_W (z_k))_{k \geq n} \right) \right\|_\lambda \leq 1 \right\}$$

gilt

$$\mathscr{U} \cap \mathscr{V} \subset U_1 \times \ldots \times U_{n-1} \times 2V^2 + W^2.$$

Sei $a = (a_k)_{k \in \mathbb{N}} \in \mathscr{U} \cap \mathscr{V}$. Dann gilt zunächst für alle $k < n$, dass a_k in U_k liegt. Ferner gibt es ein $m \geq n$, so dass $\left((0)_{k < m}, (a_k)_{k \geq m} \right)$ in $V^1 + W^1 \subset V^2 + W^2$ liegt und somit liegt $\left((0)_{k < n}, (a_k)_{n \leq k < m}, (0)_{k \geq m} \right)$ in $\tilde{V} \cap \bigoplus Y \subset V^1 \cap \mu(Y) \subset V^2$. $\square$

Mit Beispiel 2.9 folgt, dass E_n kein topologischer Teilraum von F_n sein muss.

Mit Hilfe des vorangegangenen Lemmas kann nun die wichtige Charakterisierung der Regularität für die induktiven Limiten vom gewöhnlichen und verallgemeinerten Moscatellischen Typ vorgenommen werden.

Satz 3.2

(vgl. [2], Corollary 15)

Seien X, Y und Z lokalkonvexe Räume mit stetigen Inklusionen $Z \hookrightarrow Y \hookrightarrow X$.

Wieder sei λ ein normaler Banachscher Folgenraum und μ sei definiert durch $\overline{\varphi}^{\lambda}$. Dann sind äquivalent

(i) $\bigoplus X + \lambda(Y)$ regulär

(ii) $\bigoplus X + \mu(Y) + \lambda(Z)$ regulär

(iii) $\bigoplus X + \mu(Y)$ regulär.

Beweis:

„$(iii) \Rightarrow (i)$":

Hierzu sei eine beschränkte, absolutkonvexe Teilmenge $A = \Gamma A$ in $\bigoplus X + \lambda(Y)$ gegeben. Es ist zu zeigen, dass A in einer Stufe beschränkt ist.

Dabei können wir ohne Einschränkung annehmen, dass für alle $(a_n)_{n \in \mathbb{N}}$ in A und für alle Teilmengen J in $\mathbb{N}$ gilt, dass $a_J := \left((a_n)_{n \in J}, (0)_{n \in \mathbb{N} \setminus J} \right)$ wieder in A liegt. Also ist zu zeigen, dass $\{ a_J : a \in A, J \subset \mathbb{N} \}$ beschränkt ist in dem induktiven Limes $\bigoplus X + \lambda(Y)$.

Da A beschränkt ist, gibt es eine Folge $(U_n)_{n \in \mathbb{N}}$ von Nullumgebungen in X, eine absolutkonvexe Nullumgebung $V = \Gamma V$ in Y und ein $\rho > 0$, so dass $\frac{1}{\rho} A$ enthalten ist in

$$\bigoplus_{n \in \mathbb{N}} U_n + \left\{ (y_n)_{n \in \mathbb{N}} \in \lambda(Y) : \left\| (p_V (y_n))_{n \in \mathbb{N}} \right\|_\lambda \leq 1 \right\}. \qquad (\star)$$

Wir definieren nun $\widetilde{A} := A \cap \bigoplus_{n \in \mathbb{N}} X$. Dann ist $\widetilde{A}$ beschränkt in $\bigoplus X + \mu(Y)$, denn mit $(\star)$ gilt

$$\frac{1}{\rho} \widetilde{A} = \left(\frac{1}{\rho} A \right) \cap \bigoplus X \subset \bigoplus_{n \in \mathbb{N}} U_n + \left\{ (y_n)_{n \in \mathbb{N}} \in \bigoplus Y : \left\| (p_V (y_n))_{n \in \mathbb{N}} \right\|_\lambda \leq 1 \right\}$$

$$\subset \bigoplus_{n \in \mathbb{N}} U_n + \left\{ (v_n)_{n \in \mathbb{N}} \in \mu(Y) : \left\| (p_V (v_n))_{n \in \mathbb{N}} \right\|_\mu \leq 1 \right\}.$$

Mit Voraussetzung (iii) folgt, dass ein $n \in \mathbb{N}$ existiert, so dass $\widetilde{A}$ in der Stufe

$\underset{k<n}{\Pi} \times \mu(Y)_{k \geq n}$ enthalten und beschränkt ist.

Hieraus folgt weiter, dass A in der Stufe $F_n := \underset{k<n}{\Pi} \times \lambda(Y)_{k \geq n}$ beschränkt ist.

Dies zeigen wir in zwei Schritten.

1. Schritt: Wir zeigen, dass A in der Stufe F_n liegt.

Sei dazu $(a_n)_{n \in \mathbb{N}} \in A$ gegeben. Da A eine Teilmenge von $\bigoplus X + \lambda(Y)$ ist, gibt es ein $m \geq n$, so dass $\left((0)_{k<m}, (a_k)_{k \geq m} \right)$ in $\lambda(Y)$ liegt. Dann liegt $\left((0)_{k<n}, (a_k)_{n \leq k < m}, (0)_{k \geq m} \right)$ in $\widetilde{A}$ und es gilt insbesondere

$$\left((0)_{k<n}, (a_k)_{n \leq k < m}, (0)_{k \geq m} \right) \in \mu(Y).$$

Daraus folgt die Behauptung, denn es gilt

$$\left((0)_{k<n}, (a_k)_{k \geq n} \right) \in \mu(Y) + \lambda(Y) \subset \lambda(Y).$$

2. Schritt: Wir zeigen, dass A in der Stufe F_n beschränkt ist.

Es seien also $U_1 \times \ldots \times U_{n-1} \in \mathscr{U}_0(X)^{n-1}$ und $V = \Gamma V \in \mathscr{U}_0(Y)$ gegeben. Ferner definieren wir

$$\widehat{V} := \left\{ (y_n)_{n \in \mathbb{N}} \in \lambda(Y) : \left\| (p_V(y_n))_{n \in \mathbb{N}} \right\|_\lambda \leq 1, y_1 = \ldots = y_{n-1} = 0 \right\} \quad \text{und}$$

$$U_k := X \in \mathscr{U}_0(X) \quad \text{für alle } k \geq n.$$

Dann wird A von der Nullumgebung $\underset{k \in \mathbb{N}}{\bigoplus} U_k + \widehat{V}$ absorbiert und $\widetilde{A}$ wird insbesondere von

$$\widehat{W} := U_1 \times \ldots \times U_{n-1} \times \left\{ (y_k)_{k \geq n} \in \lambda(Y) : \left\| \left((0)_{k<n}, (p_V(y_k))_{k \geq n} \right) \right\|_\lambda \leq 1 \right\}$$

absorbiert. In beiden Fällen wird mit $\rho > 0$ absorbiert.

Es ist nun zu zeigen, dass A enthalten ist in $3\rho \widehat{W}$.

Sei dazu $(a_k)_{k \in \mathbb{N}} \in A$. Dann existieren $(u_k)_{k \in \mathbb{N}} \in \bigoplus_{k \in \mathbb{N}} U_k$ und $(y_k)_{k \in \mathbb{N}} \in \widehat{V}$,

so dass $\frac{1}{\rho}(a_k)_{k \in \mathbb{N}} = (u_k)_{k \in \mathbb{N}} + (y_k)_{k \in \mathbb{N}}$. Mit $(u_k)_{k \in \mathbb{N}} \in \bigoplus_{k \in \mathbb{N}} U_k$ gibt es ein

$m \geq n$, so dass für alle $k \geq m$ gilt $u_k = 0$, also $\frac{1}{\rho} a_k = y_k$ für $k \geq m$. Daraus

folgt $\frac{1}{\rho}\left((0)_{k<m}, (a_k)_{k \geq m}\right) \in \widehat{V} \subset \widehat{W}$ und $\left((0)_{k<n}, (a_k)_{n \leq k < m}, (0)_{k \geq m}\right) \in \rho\widehat{W}$.

Insgesamt folgt somit, dass $(a_k)_{k \in \mathbb{N}}$ dargestellt werden kann als

$$\left((a_k)_{k<n}, (0)_{k \geq n}\right) + \left((0)_{k<n}, (a_k)_{n \leq k < m}, (0)_{k \geq m}\right) + \left((0)_{k<m}, (a_k)_{k \geq m}\right)$$
$$\in \rho\widehat{W} + \rho\widehat{W} + \rho\widehat{W} = 3\rho\widehat{W}.$$

„$(i) \Rightarrow (ii)$":

Sei A eine beschränkte Teilmenge von $\bigoplus X + \mu(Y) + \lambda(Z)$. Da die Inklusions-abbildung $\bigoplus X + \mu(Y) + \lambda(Z) \longrightarrow \bigoplus X + \lambda(Y)$ stetig ist, ist A auch beschränkt in $\bigoplus X + \lambda(Y)$. Also existiert ein $n \in \mathbb{N}$, so dass A in der n-ten Stufe von $\bigoplus X + \lambda(Y)$ beschränkt ist. Mit Lemma 3.1 ist A somit ebenfalls beschränkt in der n-ten Stufe von $\bigoplus X + \mu(Y) + \lambda(Z)$.

„$(ii) \Rightarrow (iii)$":

Sei A jetzt eine beschränkte Teilmenge von $\bigoplus X + \mu(Y)$. Da die Inklusionsab-bildung $\bigoplus X + \mu(Y) \longrightarrow \bigoplus X + \mu(Y) + \lambda(Z)$ stetig ist, ist A auch beschränkt in $\bigoplus X + \mu(Y) + \lambda(Z)$. Also existiert ein $n \in \mathbb{N}$, so dass die Projektion $\mathrm{pr}_{[n,\infty)}(A)$ in $\mu(Y)_{k \geq n} + \lambda(Z)_{k \geq n}$ beschränkt ist. Ohne Einschränkung sei $n = 1$, also $A \subset \mu(Y) + \lambda(Z)$ beschränkt.

Es ist zu zeigen, dass A eine beschränkte Teilmenge von $\mu(Y)$ ist.

Sei dazu die Nullumgebung $V = \overline{\Gamma V}^Y \in \mathcal{U}_0(Y)$ gegeben. Definiere damit die

Nullumgebung $W := V \cap Z \in \mathcal{U}_0(Z)$ und die Nullumgebungen

$$U_{\mu(Y,p_V)} := \left\{ (v_k)_{k \in \mathbb{N}} \in \mu(Y) : \left\| (p_V(v_k))_{k \in \mathbb{N}} \right\|_\mu \le 1 \right\}$$
$$U_{\lambda(Z,p_W)} := \left\{ (w_k)_{k \in \mathbb{N}} \in \lambda(Z) : \left\| (p_W(w_k))_{k \in \mathbb{N}} \right\|_\lambda \le 1 \right\}.$$

Dann gibt es ein $\rho > 0$, so dass A eine Teilmenge ist von

$$\rho \left(\left(U_{\mu(Y,p_V)} + U_{\lambda(Z,p_W)} \right) \cap \bigoplus X + U_{\mu(Y,pV)} \right).$$

Für alle $a = (a_k)_{k \in \mathbb{N}} \in \frac{1}{\rho} A$ folgt daraus, dass $v = (v_k)_{k \in \mathbb{N}} \in \left(U_{\mu(Y,p_V)} \right)$ und $w = (w_k)_{k \in \mathbb{N}} \in \left(U_{\lambda(Z,p_W)} \right)$ existieren mit $a = v + w$.

Weiter ist a in $\bigoplus X + \left(U_{\mu(Y,p_V)} \right)$ enthalten. Damit gibt es ein $m \in \mathbb{N}$ mit $\left((0)_{k<m}, (a_k)_{k \ge m} \right) \in \left(U_{\mu(Y,p_V)} \right)$ und es gilt

$$\left((a_k)_{k<m}, (0)_{k \ge m} \right) \in U_{\mu(Y,p_V)} + \left(U_{\lambda(Z,p_W)} \cap \bigoplus Y \right)$$
$$\subset U_{\mu(Y,p_V)} + U_{\lambda(Z,p_W)}$$
$$\subset 2 U_{\mu(Y,p_V)}.$$

Beim letzten Schritt wird ausgenutzt, dass W eine Teilmenge von V ist. $\qquad\square$

Bemerkung 3.3

Unter den Voraussetzungen von Satz 3.2 sei G einer der Räume $\bigoplus X + \mu(Y)$, $\bigoplus X + \lambda(Y)$ oder $\bigoplus X + \mu(Y) + \lambda(Z)$. Ist B eine beschränkte Teilmenge von G, so ist auch $\bigcup_{z \in B} \{ I_J z : J \subset \mathbb{N} \}$ in G beschränkt (wobei I_J die Indikatorfunktion von J bezeichnet), wie aus der Gestalt einer Nullumgebungsbasis in G sofort zu sehen ist.

Die Charakterisierung der Regularität in Satz 3.2 kann vollständig auf die α-Regularität übertragen werden.

Satz 3.4

Seien X, Y und Z lokalkonvexe Räume mit stetigen Inklusionen $Z \hookrightarrow Y \hookrightarrow X$ und λ sei ein normaler Banachscher Folgenraum, μ sei definiert durch $\overline{\varphi}^\lambda$. Dann sind äquivalent

(i) $\bigoplus X + \lambda(Y)$ *α-regulär*

(ii) $\bigoplus X + \mu(Y) + \lambda(Z)$ *α-regulär*

(iii) $\bigoplus X + \mu(Y)$ *α-regulär.*

Beweis:

„$(i) \Rightarrow (ii)$":

Sei B eine beschränkte Teilmenge in $\bigoplus X + \mu(Y) + \lambda(Z)$. Dann ist B auch in $\bigoplus X + \lambda(Y)$ beschränkt. Gemäß Voraussetzung gibt es ein $n \in \mathbb{N}$, so dass B in $\prod_{k<n} X \times \lambda(Y)_{k \geq n}$ liegt. Also ist B eine Teilmenge von

$$\left(\bigoplus X + \mu(Y) + \lambda(Z) \right) \cap \left(\prod_{k<n} X \times \lambda(Y)_{k \geq n} \right).$$

Dies ist mit Lemma 3.1 (i) eine Teilmenge der n-ten Stufe von dem induktiven Limes $\bigoplus X + \mu(Y) + \lambda(Z)$, also gilt

$$\left(\bigoplus X + \mu(Y) + \lambda(Z) \right) \cap \left(\prod_{k<n} X \times \lambda(Y)_{k \geq n} \right) \subset \prod_{k<n} X \times \left(\mu(Y) + \lambda(Z) \right)_{k \geq n}.$$

Somit ist $\bigoplus X + \mu(Y) + \lambda(Z)$ α-regulär.

„$(ii) \Rightarrow (iii)$":

Sei also B nun eine beschränkte Teilmenge in $\bigoplus X + \mu(Y)$. Dann ist B auch eine beschränkte Teilmenge in $\bigoplus X + \mu(Y) + \lambda(Z)$ und mit (ii) existiert ein $n \in \mathbb{N}$, so dass B in $\prod_{k \leq n} X \times (\mu(Y) + \lambda(Z))_{k>n}$ liegt. Somit gilt hier

$$B \subset (\bigoplus X + \mu(Y)) \cap \left(\prod_{k \leq n} X \times (\mu(Y) + \lambda(Z))_{k>n} \right).$$

Es gilt nun

$$(\bigoplus X + \mu(Y)) \cap \left(\prod_{k \leq n} X \times (\mu(Y) + \lambda(Z))_{k>n} \right) \subset \prod_{k \leq n} X \times \mu(Y)_{k>n}.$$

Um dies zu zeigen seien $(x_k)_{k \in \mathbb{N}} \in \bigoplus X$, $(y_k)_{k \in \mathbb{N}} \in \mu(Y)$ und $(u_k)_{k \leq n} \in X^n$, $(v_k)_{k>n} \in \mu(Y)_{k>n}$ und $(w_k)_{k>n} \in \lambda(Z)_{k>n}$ so gegeben, dass die folgende Zerlegung gilt

$$(x_k)_{k \in \mathbb{N}} + (y_k)_{k \in \mathbb{N}} = \left((u_k)_{k \leq n}, (0)_{k>n} \right) + \left((0)_{k \leq n}, \left((v_k)_{k>n} + (w_k)_{k>n} \right) \right).$$

Dann gilt für alle $k > n$, dass $x_k = v_k + w_k - y_k$ in Y liegt und somit $(x_k)_{k \in \mathbb{N}}$ in $\prod_{k \leq n} X \times \mu(Y)_{k>n}$ liegt.

„$(iii) \Rightarrow (i)$":

Sei B eine beschränkte Teilmenge in $\bigoplus X + \lambda(Y)$. Dann ist ebenfalls $B \cap (\bigoplus X + \mu(Y))$ in $\bigoplus X + \mu(Y)$ beschränkt. Also existiert nach Voraussetzung ein $n \in \mathbb{N}$, so dass gilt

$$B \cap (\bigoplus X + \mu(Y)) \subset \prod_{k < n} X \times \mu(Y)_{k \geq n}.$$

Seien nun $(x_k)_{k \in \mathbb{N}} \in \bigoplus X$ und $(y_k)_{k \in \mathbb{N}} \in \lambda(Y)$ mit $(x_k)_{k \in \mathbb{N}} + (y_k)_{k \in \mathbb{N}} \in B$. Es ist zu zeigen, dass x_l für alle $l \geq n$ in Y liegt.

Sei also $l \geq n$. Mit Bemerkung 3.3 gilt, dass für alle $z \in B$ und $l \in \mathbb{N}$ die

Projektion auf die ersten l Komponenten, $\mathrm{pr}_{\{1,...,l\}}(z)$, in B liegt. Also liegt insbesondere $z^{(l)} := \left((x_k)_{k<l},(0)_{k\geq l}\right) + \left((y_k)_{k<l},(0)_{k\geq l}\right)$ in B. Damit ist $z^{(l)}$ in $B \cap (\bigoplus X + \mu(Y)) \subset \prod_{k<n} X \times \mu(Y)_{k\geq n}$ enthalten und es folgt, dass x_l in Y liegt.

Also gilt $(x_l)_{l\geq n} \in \lambda(Y)$, womit (i) erfüllt ist. $\qquad\square$

Die Aussagen von Y. Melendez in [9], Chapter III, Proposition 11, S. 29, können nun erweitert werden um die Betrachtung der induktiven Limiten vom verallgemeinerten Moscatellischen Typ mit zwei normalen Banachschen Folgenräumen im Sinne der Definition und Bemerkung 2.7. Bei einem Teil der Aussagen können zusätzlich die Voraussetzungen verallgemeinert werden.

Satz 3.5

Seien X und Y Frécheträume und Z ein lokalkonvexer Raum mit stetigen Inklusionen $Z \hookrightarrow Y \hookrightarrow X$. Ein normaler Banachscher Folgenraum sei gegeben durch λ und μ sei definiert durch $\overline{\varphi}^\lambda$. Dann sind äquivalent

(i) $\bigoplus X + \mu(Y) + \lambda(Z)$ *regulär*

(ii) $\bigoplus X + \mu(Y) + \lambda(Z)$ *α-regulär*

(iii) es existiert ein $V = \overline{V}^X \in \mathscr{U}_0(Y)$

(iv) es existiert ein $V = \overline{V}^X \in \mathscr{U}_0(Y)$, *so dass eine Nullumgebungsbasis von Y gegeben ist durch* $\left\{\varepsilon V \cap W : \varepsilon > 0, W = \overline{W}^X \in \mathscr{U}_0(X)\right\}$

(v) Y besitzt eine Nullumgebungsbasis aus X-abgeschlossenen Mengen.

Der Beweis ergibt sich sofort aus [9], Chapter III, Proposition 11, S. 29, und den Sätzen 3.2 und 3.4.

Für den Beweis von „$(iv) \Rightarrow (i)$" aus Satz 3.5 kann die Bedingung „X und Y

Frécheträume" zu „X und Y lokalkonvexe Räume" verallgemeinert werden. Dies wird in Satz 3.8 gezeigt.

Außerdem kann für den Beweis „$(ii) \Rightarrow (iii)$" die Bedingung „Y Fréchetraum" auf „Y metrischer, lokalkonvexer Raum" verallgemeinert werden, was in Satz 3.9 gezeigt wird.

Die folgenden zwei – technischen – Lemmata erweitern die Beschreibung der beschränkten Mengen in $\bigoplus X + \lambda(Y)$ aus [2] auf den Fall, dass λ ein beliebiger normaler Banachscher Folgenraum ist. Sie werden im Weiteren für die oben genannten Verallgemeinerungen benötigt.

Lemma 3.6

Seien X und Y lokalkonvexe Räume mit stetiger Inklusion $Y \hookrightarrow X$, ein normaler Banachscher Folgenraum sei durch $(\lambda, \|\cdot\|_\lambda)$ gegeben und $V = \overline{\Gamma V}^Y$ sei eine Nullumgebung in Y. Weiter sei W definiert als der Abschluss von V in X und Z als die lineare Hülle von W, $Z := [W] \subset X$. Dann gilt

$$\bigoplus X \cap U_{\lambda(Z, p_W)} \subset \bigcap_{(U_k)_{k \in \mathbb{N}} \in \mathscr{U}_0(X)^{\mathbb{N}}} \left(U_{\lambda(Y, p_V)} + \bigoplus_{k \in \mathbb{N}} U_k \right).$$

Beweis:

Mit $x = (x_k)_{k \in \mathbb{N}} \in \bigoplus X \cap U_{\lambda(Z, p_W)}$ und $(U_k)_{k \in \mathbb{N}} \in \mathscr{U}_0(X)^{\mathbb{N}}$ gilt für alle $k \in \mathbb{N}$, dass

$$x_k \in p_W(x_k) W = p_W(x_k) \overline{V}^X \subset p_W(x_k) V + U_k.$$

Also existieren $v_k \in V$ und $u_k \in U_k$, so dass $x_k = p_W(x_k) v_k + u_k$, wobei $v_k = u_k = 0$ gilt, falls $x_k = 0$.

Weiter gilt mit der Normalität von λ, dass

$$\left\| (p_V(p_W(x_k)v_k))_{k\in\mathbb{N}} \right\|_\lambda \leq \left\| (p_W(x_k))_{k\in\mathbb{N}} \right\|_\lambda \leq 1$$

und $(u_k)_{k\in\mathbb{N}} \in \bigoplus_{k\in\mathbb{N}} U_k$. □

Lemma 3.7

(vgl. [2], Proposition 4, S. 113)

Seien X und Y lokalkonvexe Räume mit stetiger Inklusion $Y \hookrightarrow X$ und $(\lambda, \|\cdot\|_\lambda)$ sei ein normaler Banachscher Folgenraum. Es sei weiter A, versehen mit der induktiven Topologie, eine Teilmenge des induktiven Limes $F := \bigoplus X + \lambda(Y)$. Dann sind äquivalent

(i) *$A \subset F$ beschränkt*

(ii) *für alle $k \in \mathbb{N}$ ist die Projektion $\mathrm{pr}_k(A)$ in X beschränkt und für alle absolutkonvexen Nullumgebungen $V = \Gamma V$ in Y existiert ein α_V, so dass*

    (a) *$A \subset \bigoplus X + \alpha_V U_{\lambda(Y,p_V)}$*

    (b) *es ein $k_V \in \mathbb{N}$ gibt, so dass für alle $J \subset [k_V, \infty]$ mit J endlich gilt:*
    $\{0\}^{\mathbb{N}\backslash J} \times \mathrm{pr}_J(A) \subset \alpha_V U_{\lambda([\overline{V}], p_{\overline{V}})}$, wobei $\overline{V} = \overline{V}^X$.

Beweis:

„$(ii) \Rightarrow (i)$":

Seien eine Folge $(U_n)_{n\in\mathbb{N}}$ von Nullumgebungen in X und eine Nullumgebung $V = \Gamma V$ in Y gegeben. Da nach Voraussetzung $\mathrm{pr}_k(A)$ für alle $k < k_V$ in X beschränkt ist, gibt es ein $\alpha > 0$, so dass $\prod_{k<k_V} \mathrm{pr}_k(A) \subset \alpha \prod_{k<k_V} U_k$ gilt, wobei wir ohne Einschränkung annehmen können, dass $\alpha \geq \alpha_V$, $\alpha \geq 1$ gilt.

Wähle nun $x = (x_k)_{k\in\mathbb{N}}$ in A. Wegen der Voraussetzung (ii)(a) gibt es dann ein $k_V(x) \geq k_V$, so dass x in $\bigoplus_{k \leq k_V(x)} X + \alpha_V U_{\lambda(Y,p_V)}$ liegt.

Daraus folgt, dass $\left((0)_{k\le k_V(x)}, (x_k)_{k>k_V(x)}\right)$ in $\alpha_V B_{\lambda(Y,p_V)}$ liegt und mit Voraussetzung (ii)(b) folgt, dass $\left((0)_{k\le k_V}, (x_k)_{k_V<k\le k_V(x)}, (0)_{k>k_V(x)}\right) \in \alpha_V U_{\lambda([\overline{V}],p_{\overline{V}})}$ gilt und damit $\left\|\left((0)_{k\le k_V}, (p_{\overline{V}}(x_k))_{k_V<k\le k_V(x)}, (0)_{k>k_V(x)}\right)\right\|_\lambda \le \alpha_V$.

Nun gilt für alle $k_V < k \le k_V(x)$ und $U_k \in \mathscr{U}_0(X)$, dass

$$x_k \in p_{\overline{V}}(x_k) \overline{V}^X \subset p_{\overline{V}}(x_k) V + U_k.$$

Damit gibt es $v_k \in V$ und $u_k \in U_k$, so dass $x_k = p_{\overline{V}}(x_k) v_k + u_k$ und da λ normal ist, folgt weiter

$$\left\|\left((0)_{k\le k_V}, (p_V(p_{\overline{V}}(x_k) v_k))_{k_V<k\le k_V(x)}, (0)_{k>k_V(x)}\right)\right\|_\lambda$$
$$\le \left\|\left((0)_{k\le k_V}, (p_{\overline{V}}(x_k))_{k_V<k\le k_V(x)}, (0)_{k>k_V(x)}\right)\right\|_\lambda \le \alpha_V.$$

Also liegt $\left((0)_{k\le k_V}, (p_{\overline{V}}(x_k) v_k)_{k_V<k\le k_V(x)}, (0)_{k>k_V(x)}\right)$ in $\alpha_V U_{\lambda(Y,p_V)}$ und x hat die Darstellung

$$x = \left((x_k)_{k\le k_V}, (0)_{k>k_V}\right) + \left((0)_{k\le k_V}, (u_k)_{k_V<k\le k_V(x)}, (0)_{k>k_V(x)}\right)$$
$$+ \left((0)_{k\le k_V}, (p_{\overline{V}}(x_k) v_k)_{k_V<k\le k_V(x)}, (0)_{k>k_V(x)}\right)$$
$$+ \left((0)_{k\le k_V(x)}, (x_k)_{k>k_V(x)}\right).$$

Die Summe der ersten beiden Summanden liegt in $\alpha\left(\bigoplus_{k\in\mathbb{N}} U_k\right)$, der dritte und vierte Summand liegt jeweils in $\alpha U_{\lambda(Y,p_V)}$, also liegt x in $2\alpha\left(\bigoplus_{k\in\mathbb{N}} U_k + U_{\lambda(Y,p_V)}\right)$.

Da α unabhängig von x gewählt wurde, ist A in $3\alpha\left(\bigoplus_{k\in\mathbb{N}} U_k + U_{\lambda(Y,p_V)}\right)$ enthalten.

„$(ii) \Rightarrow (i)$":

Die Beschränktheit der Projektion $\mathrm{pr}_k(A)$ in X folgt, da die Projektionsabbildung $\mathrm{pr}_k : F \longrightarrow X$ stetig für alle $k \in \mathbb{N}$ ist. Die Aussage (ii) (a) ist wahr, da für alle Nullumgebungen $V \in \mathcal{U}_0(Y)$ gilt, dass $\bigoplus X + U_{\lambda(Y,p_V)}$ eine Nullumgebung in F ist.

Also ist nur noch (ii)(b) zu zeigen. Dazu nehmen wir das Gegenteil an. Dann gibt es eine Nullumgebung $V = \Gamma V \in \mathcal{U}_0(Y)$, so dass für alle $n \in \mathbb{N}$ ein $l_n > k_n$ existiert mit

$$\{0\}^{\mathbb{N} \setminus [k_n,l_n]} \times \mathrm{pr}_{[k_n,l_n]}(A) \not\subset nU_{\lambda([\overline{V}],p_{\overline{V}})},$$

wobei ohne Einschränkung für alle $n \in \mathbb{N}$ gilt, dass $l_n < k_{n+1}$. Bei dem Übergang von „J endlich" zu $[k_n, l_n]$ nutzen wir die Normalität von λ.

Mit Lemma 3.6 folgt für alle $n \in \mathbb{N}$ und $k_n \leq k \leq l_n$, dass eine Nullumgebung U_k in X existiert mit

$$\{0\}^{\mathbb{N} \setminus [k_n,l_n]} \times \mathrm{pr}_{[k_n,l_n]}(A) \not\subset nU_{\lambda(Y,p_V)} + \{0\}^{\mathbb{N} \setminus [k_n,l_n]} \times n \bigoplus_{k_n \leq k \leq l_n} U_k.$$

Nun seien weiter für alle $k \in \mathbb{N} \setminus \bigcup_{n \in \mathbb{N}} [k_n, l_n]$ die Nullumgebungen U_k definiert als X und U definiert als $U_{\lambda(Y,p_V)} + \bigoplus_{k \in \mathbb{N}} U_k \in \mathcal{U}_0(F)$. Dann gibt es ein $n \in \mathbb{N}$, so dass $A \subset nU$ und es folgt, dass

$$\{0\}^{\mathbb{N} \setminus [k_n,l_n]} \times \mathrm{pr}_{[k_n,l_n]}(A) \subset \{0\}^{\mathbb{N} \setminus [k_n,l_n]} \times n\,\mathrm{pr}_{[k_n,l_n]}(U)$$
$$\subset nU_{\lambda(Y,p_V)} + \{0\}^{\mathbb{N} \setminus [k_n,l_n]} \times n \bigoplus_{k_n \leq k \leq l_n} U_k.$$

Dies steht im Widerspruch zu obiger Aussage. $\qquad\Box$

Satz 3.8

Seien X und Y lokalkonvexe Räume mit stetiger Inklusion $Y \hookrightarrow X$ und λ sei ein normaler Banachscher Folgenraum. Existiert weiter eine Nullumgebung $V = \overline{V}^X \in \mathcal{U}_0(Y)$, so dass eine Nullumgebungsbasis von Y gegeben ist durch $\left\{ \varepsilon V \cap W : \varepsilon > 0, W = \overline{W}^X \in \mathcal{U}_0(X) \right\}$, dann ist der induktive Limes vom Moscatellischen Typ $\bigoplus X + \lambda(Y)$ regulär.

Beweis:

Sei A eine beschränkte Teilmenge in $\bigoplus X + \lambda(Y)$. Dann existieren mit Lemma 3.7 ein $k_0 \in \mathbb{N}$ und ein $\alpha > 0$, so dass für die Projektion auf die Komponenten ab dem Index k_0 gilt

$$\mathrm{pr}_{[k_0,\infty)}(A) \subset \alpha \left\{ (x_k)_{k \geq k_0} \in \prod_{k \geq k_0} X : \left\| (p_V(x_k))_{k \geq k_0} \right\|_\lambda \leq 1 \right\}.$$

Mit der Voraussetzung $W \in \mathcal{U}_0(X)$ genügt es zu zeigen, dass $\mathrm{pr}_{[k_0,\infty)}(A)$ von

$$\left\{ (x_k)_{k \geq k_0} \in \prod_{k \geq k_0} X : \left\| (p_{\varepsilon V \cap W}(x_k))_{k \geq k_0} \right\|_\lambda \leq 1 \right\}$$

absorbiert wird. Sei dazu $(a_k)_{k \geq k_0} \in \mathrm{pr}_{[k_0,\infty)}(A)$. Da die Nullumgebungen V und W abgeschlossen in X sind, gilt für alle $k \geq k_0$, dass

$$
\begin{aligned}
a_k \in p_{\varepsilon V \cap W}(\varepsilon V \cap W) &\subset \left(p_{\varepsilon V \cap W}(a_k) \varepsilon W \right) \cap p_{\varepsilon V \cap W}(a_k) W \\
&\subset \left(\tfrac{1}{\varepsilon} p_V(a_k) \right) \varepsilon V \cap p_W(a_k) W \\
&\subset \max \left\{ \tfrac{1}{\varepsilon} p_V(a_k), p_W(a_k) \right\} (\varepsilon V \cap W).
\end{aligned}
$$

Also gilt insbesondere $p_{\varepsilon V \cap W}(a_k) \leq \rho_k := \max \left\{ \tfrac{1}{\varepsilon} p_V(a_k), p_W(a_k) \right\}$. Wegen $A \subset \lambda(X)$ beschränkt, wähle $\rho > 0$ nun so, dass

$$A \subset \rho \left\{ (x_k)_{k \in \mathbb{N}} \in \lambda(X) : \left\| (p_W(x_k))_{k \in \mathbb{N}} \right\|_\lambda \leq 1 \right\}.$$

Dann gilt

$$\left\| \left((0)_{k<k_0}, \left(p_{\varepsilon V \cap W} \left(a_k \right)_{k \geq k_0} \right) \right) \right\|_\lambda$$
$$\leq \left\| \left((0)_{k<k_0}, \left(\rho_k \right)_{k \geq k_0} \right) \right\|_\lambda$$
$$\leq \max \left\{ \tfrac{1}{\varepsilon} \left\| \left(p_V \left(a_k \right) \right)_{k \in \mathbb{N}} \right\|_\lambda, \left\| \left(p_W \left(a_k \right) \right)_{k \in \mathbb{N}} \right\|_\lambda \right\}$$
$$\leq \max \left\{ \tfrac{1}{\varepsilon} \alpha, \rho \right\}.$$

Somit ist die Regularität gezeigt. $\qquad\qquad\qquad\qquad\qquad\qquad\qquad$ □

Satz 3.9

Seien X und Y lokalkonvexe Räume mit stetiger Inklusion $Y \hookrightarrow X$ und λ ein normaler Banachscher Folgenraum. Dann gilt:

(i) *Wenn eine abgeschlossene Nullumgebung $V = \overline{V}^X$ in Y existiert, dann ist $\bigoplus X + \lambda(Y)$ α-regulär.*

(ii) *Ist Y zusätzlich metrisch, gilt auch die Umkehrung, wenn also $\bigoplus X + \lambda(Y)$ α-regulär ist, gibt es eine abgeschlossene Nullumgebung $V = \overline{V}^X$ in Y.*

Beweis:

(i) Sei B eine beschränkte Teilmenge von $\bigoplus X + \lambda(Y)$. Mit Bemerkung 3.3 ist dann auch $\widetilde{B} := \bigcup_{z \in B} \{ I_J z : J \subset \mathbb{N} \}$ beschränkt in $\bigoplus X + \lambda(Y)$.

Wir nehmen an, dass für alle $n \in \mathbb{N}$ gilt $\widetilde{B} \not\subset \prod_{k<n} X \times \lambda(Y)_{k \geq n}$.

Damit gibt es eine aufsteigende Teilfolge $(k_m)_{m \in \mathbb{N}}$, so dass eine Folge $(b_m)_{m \in \mathbb{N}} \in (X \backslash Y)^{\mathbb{N}}$ existiert und für alle $m \in \mathbb{N}$ gilt $\widehat{b_m} := \left(\delta_{k_m, k} b_m \right)_{k \in \mathbb{N}} \in \widetilde{B}$.

Mit der Voraussetzung, dass ein $V = \overline{V}^X \in \mathscr{U}_0(Y)$ existiert und Lemma 3.7, gibt es ein $\rho_V > 0$ und ein $k_V \in \mathbb{N}$, so dass für alle $k \geq k_V$ gilt

$$\mathrm{pr}_k(\widetilde{B}) \subset \rho_V V \subset Y.$$

Durch diesen Widerspruch zu $\mathrm{pr}_{k_m}\left(\widehat{b_m}\right) = b_m \notin Y$, für alle $m \in \mathbb{N}$, ist (i) bewiesen.

(ii) Sei die Folge $(V_n)_{n\in\mathbb{N}}$ eine fallende Nullumgebungsbasis in Y. Wir wählen $\alpha = (\alpha_k)_{k\in\mathbb{N}}$ in $\lambda \cap (0,\infty)^\mathbb{N}$ mit $\|\alpha\|_\lambda = 1$, wobei wir ohne Einschränkung annehmen, dass $\alpha_k \geq \alpha_{k+1}$ für alle $k \in \mathbb{N}$ gilt.

Wir nehmen an, dass $\overline{V_n}^X \not\subset Y$ für alle $n \in \mathbb{N}$ gilt.

Dann gibt es ein $b_n \in \overline{\alpha_n V_n}^X \backslash Y$. Definiere B durch $B := \left\{(\delta_{nk} b_n)_{k\in\mathbb{N}} : n \in \mathbb{N}\right\}$, wodurch B eine beschränkte Teilmenge in $\bigoplus X + \lambda(Y)$ ist.

Um dies zu zeigen, seien $n \in \mathbb{N}$ und $(U_k)_{k\in\mathbb{N}} \in \mathcal{U}_0(X)^\mathbb{N}$ gegeben. Dann gilt für alle $k \geq n$, dass

$$b_k \in \overline{\alpha_k V_k}^X \subset \overline{\alpha_k V_n}^X \subset \alpha_k V_n + U_k .$$

Also existieren $v_k \in V_n$ und $u_k \in U_n$, so dass für b_k die Zerlegung $\alpha_k v_k + u_k$ gilt. Es gilt weiter für alle $k \geq n$, dass

$$(\delta_{lk} b_k)_{l\in\mathbb{N}} = (\delta_{lk}\alpha_k v_k)_{l\in\mathbb{N}} + (\delta_{lk} u_k)_{l\in\mathbb{N}} \quad \text{und}$$

$$\left\|\left(p_{V_n}(\delta_{lk}\alpha_k v_k)\right)_{l\in\mathbb{N}}\right\|_\lambda = \left\|\left(\delta_{lk}\alpha_k p_{V_n}(v_k)\right)_{l\in\mathbb{N}}\right\|_\lambda \leq \left\|(\alpha_l)_{l\in\mathbb{N}}\right\|_\lambda = 1 .$$

Daraus folgt, dass $(\delta_{lk} b_k)_{l\in\mathbb{N}}$ in $\bigoplus U_k + B_{p_{V_n},\lambda}$ für alle $k \geq n$ liegt. Nun ist $\left\{(\delta_{lk} b_k)_{l\in\mathbb{N}} : 1 \leq k < n\right\}$ endlich, wird also von $\bigoplus U_k + B_{p_{V_n},\lambda}$ absorbiert. Damit ist dies ein Widerspruch, da für alle $n \in \mathbb{N}$ gilt $B \not\subset \prod_{k<n} X + \lambda(Y)_{k\geq n}$. $\square$

Eine Verschärfung der Aussage (i) von Satz 3.9 auf Regularität ist nicht möglich. Y. Melendez zeigt in [9], Chapter III, Examples 10, S. 28, ein Gegenbeispiel mit X Banachraum und Y definiert als $(X, \tau(X,X^\star))$. Y trägt also die feinste lokalkonvexe Topologie. Damit ist der induktive Limes $\bigoplus X + \lambda(Y)$

nicht regulär, aber die Voraussetzung (i) ist trivialerweise erfüllt.

Dieses Beispiel aus [9] kann wie folgt weiter verallgemeinert werden.

Beispiel 3.10

Sei $(X, \mathscr{S})$ ein tonnelierter, separierter, lokalkonvexer Raum, der eine unend-
lich dimensionale, beschränkte Menge B enthält und $\mathscr{T}$ sei definiert durch
$\tau(X, X^{\star})$. Dann ist der induktive Limes vom gewöhnlichen Moscatellischen Typ
$F := \bigoplus(X, \mathscr{S}) + l^{\infty}(X, \mathscr{T})$ ein offenbar α-regulärer induktiver Limes (alle Stufen
sind algebraisch gleich).

Wir zeigen, dass die in F beschränkte Teilmenge $\bigoplus B$ in einer Stufe von F liegt,
aber in keiner Stufe beschränkt ist. Seien dazu Nullumgebungen $V \in \mathscr{U}_0(X, \mathscr{T})$
und $(U_k)_{k \in \mathbb{N}} \in \mathscr{U}_0(X, \mathscr{S})^{\mathbb{N}}$ gegeben, dann folgt, dass $\overline{V}^{(X, \mathscr{S})}$ eine Nullumgebung
in $(X, \mathscr{S})$ ist, da $\overline{V}^{(X, \mathscr{S})}$ eine Tonne ist. Somit gibt es ein $\rho > 0$, wodurch B von
$\rho \overline{V}^{(X, \mathscr{S})}$ absorbiert wird.

Dann gilt für alle $k \in \mathbb{N}$, dass B eine Teilmenge von $\rho V + \rho U_k = \rho(V + U_k)$ ist
und damit ist $\bigoplus B$ eine Teilmenge von $\rho\left(V^{\mathbb{N}} + \bigoplus_{\mathbb{N}} U_k\right)$. Da B in $(X, \mathscr{T})$ nicht
beschränkt ist, ist andererseits $\bigoplus B$ in keiner Stufe beschränkt.

Es genügt $(X, \mathscr{T})$ als tonnelierten, lokalkonvexen Raum vorauszusetzen und ei-
ne Topologie $\mathscr{T}$, die feiner ist als $\mathscr{S}$ und nicht gröber als die zu $\mathscr{S}$ assoziierte,
bornologische Topologie, also $\mathscr{T} \not\subset \mathscr{S}^{born}$.

Bemerkung 3.11

Die Aussage (ii) von Satz 3.9 kann nicht verschärft werden dazu, dass aus der
α-Regularität von $\bigoplus X + \lambda(Y)$, wobei Y metrisch ist, schon folgt, dass Y eine
X-abgeschlossene Nullumgebungsbasis besitzt.

Wähle einen lokalkonvexen Raum X und zwei Topologien $\mathscr{S}$ und $\mathscr{T}$,
wobei $\mathscr{S}$ tonneliert und echt gröber als $\mathscr{T}$ ist. Dann hat $(X, \mathscr{T})$ kei-

ne $(X,\mathscr{S})$-abgeschlossene Nullumgebungsbasis und der induktive Limes $\bigoplus(X,\mathscr{S}) + l^\infty(X,\mathscr{T})$ ist wieder α-regulär. $(X,\mathscr{T})$ kann zusätzlich metrisch gewählt werden, indem zum Beispiel $(X,\mathscr{S})$ ein unendlich dimensionaler Banachraum ist, $H \subset (X,\mathscr{S})$ eine dichte Hyperebene und $x \in X \backslash H$. Definiere damit den Raum $(X,\mathscr{T})$ durch $(X,\mathscr{T}) := (H,\mathscr{S} \cap H) \bigoplus ([x],\mathscr{R})$, wobei $\mathscr{R}$ die Standardtopologie ist.

Das nächste Beispiel führt die Betrachtung der assoziierten, bornologischen Topologie im Zusammenhang mit der Regularität weiter fort.

Beispiel 3.12

Sei X ein Vektorraum und $\mathscr{S} \supset \mathscr{T}$ seien zwei lokalkonvexe Topologien auf X, so dass jede $\mathscr{T}$-beschränkte Teilmenge von X auch $\mathscr{S}$-beschränkt ist, es gilt also $\mathscr{S} \subset \mathscr{T}^{born}$.

Dann ist $F := \bigoplus(X,\mathscr{T}) + l^\infty(X,\mathscr{S})$ regulär.

Nach Voraussetzung sind die beiden Identitäten

$$l^\infty(X,\mathscr{S}) \longrightarrow \bigoplus(X,\mathscr{T}) + l^\infty(X,\mathscr{S}) \longrightarrow l^\infty(X,\mathscr{T})$$

stetig. Da $l^\infty(X,\mathscr{T})$ und $l^\infty(X,\mathscr{S})$ dieselben beschränkten Mengen haben, ist jede beschränkte Teilmenge von F bereits eine beschränkte Teilmenge von $l^\infty(X,\mathscr{S})$. Wähle $(X,\mathscr{T})$ als separierten, tonnelierten Raum, der nicht bornologisch ist, und $\mathscr{S}$ als die zu $\mathscr{T}$ assoziierte bornologische Topologie. So wird zusätzlich erreicht, dass $(X,\mathscr{S})$ keine Nullumgebungsbasis aus $\mathscr{T}$-abgeschlossenen Mengen besitzt. Ein solcher Raum wird im Folgenden entwickelt.

Lemma 3.13

Seien $(X,\mathscr{T})$ ein lokalkonvexer Vektorraum und H eine echte, dichte Hyperebene *in X, so dass $(H, \mathcal{T} \cap H)$ bornologisch ist. Weiter sei $x \in X \backslash H$, also ist X algebraisch gleich mit $H \oplus [x]$.*

Dann sind äquivalent

(i) $(X, \mathcal{T})$ bornologisch

(ii) es gibt Folgen $(b_n)_{n \in \mathbb{N}} \in H^{\mathbb{N}}$ und $(\alpha_n)_{n \in \mathbb{N}} \in (0, \infty)^{\mathbb{N}}$ mit $\alpha_n \xrightarrow[n \to \infty]{} \infty$, so dass $\alpha_n (b_n - x) \xrightarrow[n \to \infty]{} 0$ in $(X, \mathcal{T})$.

Beweis:

„$(ii) \Rightarrow (i)$":

Zu zeigen ist, dass $\mathcal{T}^{\text{born}} = \mathcal{T}$ ist, wobei „$\supset$" klar ist. Da $\mathcal{T}^{\text{born}} \cap H = \mathcal{T} \cap H$ ist, bleibt nur zu zeigen, dass H dicht in $\left(X, \mathcal{T}^{\text{born}}\right)$ ist, denn nach [5], Lemma 1, S. 349, sind zwei lokalkonvexe Topologien $\mathcal{S} \supset \mathcal{T}$, die auf einem in $\mathcal{S}$-dichten Untervektorraum übereinstimmen, schon gleich.

Hierzu ist wiederum nur zu zeigen, dass x in $\overline{H}^{\mathcal{T}^{\text{born}}}$ liegt, woraus folgt, dass $b + \gamma x$ in $\overline{H}^{\mathcal{T}^{\text{born}}}$ für alle $b \in H$ und $\gamma \in \mathbb{K}$ liegt.

Die Folge $\left(\alpha_n (b_n - x)\right)_{n \in \mathbb{N}}$ ist insbesondere in $(X, \mathcal{T})$ beschränkt, also auch beschränkt in $\left(X, \mathcal{T}^{\text{born}}\right)$. Wegen $\frac{1}{\alpha_n} \xrightarrow[n \to \infty]{} 0$ folgt

$$\frac{1}{\alpha_n} \left(\alpha_n (b_n - x)\right) \xrightarrow[n \to \infty]{} 0 \text{ in } \left(X, \mathcal{T}^{\text{born}}\right).$$

Also konvergiert b_n gegen x in $\left(X, \mathcal{T}^{\text{born}}\right)$.

„$(i) \Rightarrow (ii)$":

Die Abbildung $f : (X, \mathcal{T}) \longrightarrow \mathbb{K}, b + \gamma x \longmapsto \gamma$ ist eine unstetige Linearform, da $\ker(f) = H$ dicht ist. Wegen der Voraussetzung (i) gibt es eine kreisförmige, beschränkte Menge B in $(X, \mathcal{T})$, so dass $f_{|B}$ unbeschränkt ist. Daraus folgt, dass für alle $n \in \mathbb{N}$ ein $y_n \in B$ existiert, so dass $f(y_n) > n$. Außerdem existieren $b_n \in H$ und $\gamma_n \in \mathbb{K}$, so dass $y_n = b_n + \gamma_n x$ ist und es folgt, dass $f(y_n) = \gamma_n > n$ gilt. Da $(y_n)_{n \in \mathbb{N}}$ beschränkt und $\frac{1}{\sqrt{\gamma_n}}$ eine Nullfolge ist, gilt

$$\frac{1}{\sqrt{\gamma_n}} y_n = \frac{1}{\sqrt{\gamma_n}} b_n + \sqrt{\gamma_n} x \xrightarrow[n \to \infty]{} 0.$$

Also konvergiert $\sqrt{\gamma_n}\left(-\frac{1}{\gamma_n} b_n - x\right)$ für $n \to \infty$ gegen 0 in $(X, \mathcal{T})$. $\qquad \square$

Im Falle von (ii) ist x Limes einer Mackey-konvergenten Folge in H, also ist (i) äquivalent dazu, dass H Mackey-dicht in $(X, \mathcal{T})$ ist.

Beispiel 3.14

Wir definieren einen Untervektorraum von $\left(\mathbb{K}^{\mathbb{R}}, \mathcal{T}_{|\cdot|}^{\mathbb{R}}\right)$ durch

$$X := \left\{(x_r)_{r \in \mathbb{R}} \in \mathbb{K}^{\mathbb{R}} : \{r \in \mathbb{R} : x_r \neq 0\} \text{ abzählbar}\right\}$$
$$= \bigcup_{J \subset \mathbb{R} \text{ abz.}} \mathbb{K}^J \times \{0\}^{\mathbb{R} \setminus J}$$

und die zugehörige Topologie durch $\mathcal{T} := \mathcal{T}_{|\cdot|}^{\mathbb{R}} \cap X$. Dieses X ist dicht in $\left(\mathbb{K}^{\mathbb{R}}, \mathcal{T}_{|\cdot|}^{\mathbb{R}}\right)$, tonneliert und bornologisch, sogar ultrabornologisch.
Beweis:

Sei $\mathcal{S}$ die feinste lokalkonvexe Topologie auf X, so dass für alle abzählbaren Teilmengen J von $\mathbb{R}$, die Inklusionsabbildung $\left(\mathbb{K}, \mathcal{T}_{|\cdot|}\right)^J \hookrightarrow (X, \mathcal{S})$ stetig ist. Dann ist $\mathcal{S}$ ultabornologisch und somit tonneliert und bornologisch.

Es ist zu zeigen, dass $\mathcal{S} = \mathcal{T}$ ist.

Wir definieren dazu $Y := \left\{(x_r)_{r \in \mathbb{R}} \in \mathbb{K}^{\mathbb{R}} : \{r \in \mathbb{R} : x_r \neq 0\} \text{ endlich}\right\}$. Da $\mathcal{S}$ feiner ist als $\mathcal{T}$ und da für alle $x \in X$ eine abzählbare Teilmenge J in $\mathbb{R}$ existiert, so dass

$$x \in \mathbb{K}^J, \quad \mathscr{S} \cap \mathbb{K}^J = \mathscr{T} \cap \mathbb{K}^J \quad \text{und} \quad x \in \overline{Y \cap \mathbb{K}^J}^{\mathscr{S}},$$

gilt, ist $\overline{Y}^{\mathscr{S}} = X$.

Wenn wir $\mathscr{S} \cap Y = \mathscr{T} \cap Y$ zeigen, dann folgt wieder mit [5], Lemma 1, S. 349, die Behauptung.

Mit $U = \Gamma U \in \mathscr{U}_0(X, \mathscr{S})$ ist dazu zu zeigen, dass eine Nullumgebung V in $\mathscr{U}_0(X, \mathscr{T})$ existiert, mit $V \cap Y \subset U$, d.h. es gibt eine endliche Teilmenge E von $\mathbb{R}$, so dass $\left(\prod_E \{0\} \times \mathbb{K}^{\mathbb{R} \backslash E} \right) \cap Y$ in U enthalten ist.

Wir nehmen das Gegenteil an. Also existiert ein $y^{(1)} \in Y \backslash U$. Dann existiert weiter ein $J_1 \subset \mathbb{R}$ endlich, so dass $y^{(1)} \in \mathbb{K}^{J_1} \times \{0\}^{\mathbb{R} \backslash J_1}$. Damit gibt es wieder ein $y^{(2)} \in Y \backslash U$, so dass $J_2 := \left\{ r \in \mathbb{R} : y_r^{(2)} \neq 0 \right\} \subset \mathbb{R} \backslash J_1$.

So fortfahrend erhält man eine Folge $(J_n)_{n \in \mathbb{N}}$ von endlichen Teilmengen von $\mathbb{R}$ mit $J_n \subset \mathbb{R} \backslash \bigcup_{k<n} J_k$ für alle $n \in \mathbb{N}$ und eine Folge $\left(y^{(n)} \right)_{n \in \mathbb{N}} \in (Y \backslash U)^{\mathbb{N}}$, so dass $y^{(n)} \in \mathbb{K}^{J_n} \times \{0\}^{\mathbb{R} \backslash J_n}$. Definiere $J := \bigcup_{n \in \mathbb{N}} J_n \subset \mathbb{R}$, dann ist J abzählbar und es folgt mit $U \in \mathscr{U}_0(X, \mathscr{S})$ und $\mathscr{T} \cap \left(\mathbb{K}^J \times \{0\}^{\mathbb{R} \backslash J} \right) = \mathscr{S} \cap \left(\mathbb{K}^J \times \{0\}^{\mathbb{R} \backslash J} \right)$, dass eine endliche Teilmenge E von J existiert mit $\mathbb{K}^{J \backslash E} \subset U$. Damit gibt es ein $m \in \mathbb{N}$, so dass $E \subset \bigcup_{k \leq m} J_k$ und es gilt weiter

$$y^{(m+1)} \in \mathbb{K}^{J \backslash E} \subset U.$$

Dies ist ein Widerspruch, da die Folgenelemente von $(y^n)_{n \in \mathbb{N}}$ nicht in U liegen. $\qquad \square$

Wähle nun $(1)_{r \in \mathbb{R}} \in \mathbb{K}^{\mathbb{R}} \backslash X$. *Der Raum X ist dicht in* $\left(\mathbb{K}^{\mathbb{R}}, \mathscr{T}_{|\cdot|}^{\mathbb{R}} \right)$ *und* $(X, \mathscr{T})$ *ist folgenabgeschlossen. Seien hierzu* $\left(x^{(n)} \right)_{n \in \mathbb{N}} \in X^{\mathbb{N}}$ *und* $x \in \mathbb{K}^{\mathbb{R}}$, *so dass* $x^{(n)}$

in $\left(\mathbb{K}, \mathcal{T}_{|\cdot|}\right)^{\mathbb{R}}$ *gegen x konvergiert. Für alle* $n \in \mathbb{N}$ *sei* J_n *definiert als abzählbare Menge* $\left\{r \in \mathbb{R} : x_r^{(n)} \neq 0\right\}$. *Damit folgt, dass* $J := \bigcup_{n \in \mathbb{N}} J_n$ *abzählbar ist und für alle* $r \in \mathbb{R}\backslash J$ *und alle* $n \in \mathbb{N}$ *ist* $x_r^{(n)} = 0$, *also insbesondere ist* $x_r = 0$ *und damit liegt x in X.*

Da X folgenvollständig ist, folgt mit Lemma 3.13, dass der vergrößerte Raum $\left(X + \left[(1)_{r \in \mathbb{R}}\right], \mathcal{T}_{|\cdot|}^{\mathbb{R}} \cap \left(X + \left[(1)_{r \in \mathbb{R}}\right]\right)\right)$ *zwar tonneliert, aber nicht bornologisch ist.*

In [4], Theorem 6.1 (c), S. 27, wurde ein Beispiel für den Fall entwickelt, dass $(X, \mathcal{T}) = \operatorname*{ind}_{n \to \infty} \left(X_n, \|\cdot\|_n\right)$ nicht regulär ist. Aber es existiert ein x in $\widetilde{X}\backslash X$, so dass x nicht Mackey-Limes einer Folge in $(X, \mathcal{T})$ ist. Es folgt $\left(X + [x], \widetilde{\mathcal{T}} \cap (X + [x])\right)$ ist nicht bornologisch.

4 Vollständigkeit

Aus dem Theorem A von A. Grothendieck folgt unmittelbar, dass vollständige LF-Räume regulär sind. Die umgekehrte Implikation: „Sind reguläre LF-Räume stets vollständig?" ist eine Frage von A. Grothendieck, die bis heute ungeklärt ist. Für die Klasse der LF-Räume vom gewöhnlichen Moscatellischen Typ wurde in [2] und von Y. Melendez in [9] eine positive Antwort gegeben, während eine Antwort auf diese Frage für die LF-Räume $\bigoplus X + \mu(Y) + \lambda(Z)$ vom verallgemeinerten Moscatellischen Typ noch aussteht.

In diesem Kapitel wird diese Frage positiv beantwortet werden. Vorab präsentieren wir einige Bemerkungen und Beispiele zur Vollständigkeit von induktiven Limiten vom Moscatellischen Typ, die mit allgemeinen lokalkonvexen Räumen gebildet sind.

Lemma 4.1

Sei Y ein Vektorraum versehen mit der schwachen Topologie. Dann gilt für alle Nullumgebungen U in Y und alle $(x_n)_{n \in \mathbb{N}}$ in $l^\infty(Y)$, dass ein $(y_n)_{n \in \mathbb{N}}$ in $l^\infty(Y)$ existiert, so dass $x_n - y_n$ für alle $n \in \mathbb{N}$ in U liegt und $\dim \left[\{ y_n : n \in \mathbb{N} \} \right]$ endlich ist.

Beweis:

Seien also $(x_n)_{n \in \mathbb{N}} \in l^\infty(Y)$ und $U = \Gamma U \in \mathscr{U}_0(Y)$ gegeben. Dann existieren abgeschlossene Untervektorräume L und M von Y mit $\dim(L) < \infty$, $M \subset U$ und Y ist gleich der topologisch direkten Summe von L und M. Damit gibt es für alle $n \in \mathbb{N}$ genau ein y_n in Y und w_n in M mit $x_n = y_n + w_n$. Die Projektion $Y \longrightarrow L, y + w \longmapsto y, y \in L, w \in M$ ist stetig und linear. Also ist $(y_n)_{n \in \mathbb{N}} \in l^\infty(Y)$.

Weiter gilt für alle $n \in \mathbb{N}$, dass gilt $x_n - y_n = w_n \in M \subset U$ und $[\{y_n : n \in \mathbb{N}\}] \subset L$, also gilt $\dim [\{y_n : n \in \mathbb{N}\}] < \infty$. $\qquad\qquad$ $\square$

Satz 4.2

Sei $(Y, \mathscr{S})$ ein separierter, schwach topologisierter Raum und Z ein dichter Untervektorraum von $(Y, \mathscr{S})$ versehen mit der Relativtopologie $\mathscr{S} \cap Z$.

Dann ist $l^\infty(Z)$ dicht in $l^\infty(Y)$.

Beweis:

Seien $(x_n)_{n \in \mathbb{N}} \in l^\infty(Y)$ und $U = \Gamma U \in \mathscr{U}_0(Y)$ gegeben, dann folgt mit Lemma 4.1, dass ein $(y_n)_{n \in \mathbb{N}} \in l^\infty(Y)$ existiert mit $\dim(L) < \infty$, wobei $L := [\{y_n : n \in \mathbb{N}\}]$, und für alle $n \in \mathbb{N}$ liegt $x_n - y_n$ in $\frac{1}{2}U$. Sei nun $(b_1, \ldots, b_r)$ eine Basis von L.

Da die Abbildung $(\mathbb{K}^r, \|\cdot\|_1) \longrightarrow L, (\gamma_j)_{1 \leq j \leq r} \longmapsto \sum_{1 \leq j \leq r} \gamma_j b_j$ ein topologischer Isomorphismus ist, gilt für alle $n \in \mathbb{N}$, dass ein $\alpha^{(n)} = \left(\alpha_j^{(n)}\right)_{1 \leq j \leq r} \in \mathbb{K}^r$ existiert mit

$$y_n = \sum_{1 \leq j \leq r} \alpha_j^{(n)} b_j,$$

so dass $\left(\alpha^{(n)}\right)_{n \in \mathbb{N}}$ in $l^\infty\left(\mathbb{K}^r, \|\cdot\|_1\right)$ liegt. Z ist dicht in $(Y, \mathscr{S})$, also folgt weiter für alle $1 \leq j \leq r$, dass $c_j \in Z$ existiert mit

$$b_j - c_j \in \frac{1}{1 + \sup_{n \in \mathbb{N}} \|\alpha^{(n)}\|_1} \frac{1}{2} U.$$

Definiere $z^{(n)} := \sum_{1 \leq j \leq r} \alpha_j^{(n)} c_j \in Z$ für alle $n \in \mathbb{N}$. Offenbar ist $\left(z^{(n)}\right)_{n \in \mathbb{N}} \in l^\infty(Z)$

und für alle $n \in \mathbb{N}$ gilt

$$
\begin{aligned}
x_n - z_n &= x_n - y_n + y_n - z_n \\
&\in \tfrac{1}{2}U + \sum_{1 \leq j \leq r} \frac{1}{1 + \sup\limits_{n \in \mathbb{N}} \|\alpha^{(n)}\|_1} \alpha_j^{(n)} \tfrac{1}{2}U \\
&\subset \tfrac{1}{2}U + \Gamma\left(\tfrac{1}{2}U\right) = U,
\end{aligned}
$$

wodurch insgesamt die Dichtheit nachgewiesen ist. $\qquad\square$

Bemerkung 4.3

Desweiteren gilt: Ist $(X, \mathcal{T})$ ein metrisierbarer, lokalkonvexer Raum und Y ein dichter Untervektorraum von $(X, \mathcal{T})$, so ist $l^\infty(Y)$ dicht in $l^\infty(X)$.

Diese Aussage benötigen wir nicht, sie soll aber der Vollständigkeit halber kurz bewiesen werden. Auf $X' = Y'$ haben wir die lokalkonvexen Topologien $\sigma\left(X', Y\right) \subset \sigma\left(X', X\right) \subset \beta\left(X', X\right)$ und $\sigma\left(X', Y\right) \subset \beta\left(X', Y\right) \subset \beta\left(X', X\right)$, wobei $\sigma\left(X', X\right) \subset \beta\left(X', Y\right)$.

Um dies zu zeigen, sei $x \in X$. Dann gibt es ein $(x_n)_{n \in \mathbb{N}}$ in $Y^{\mathbb{N}}$, so dass x_n gegen x konvergiert. Definiere die in $(Y, \mathcal{T} \cap Y)$ beschränkte Menge $C := \{x_n : n \in \mathbb{N}\}$ und wähle ein $x \in \overline{C}^X$. Daraus folgt, dass $\left(\overline{C}^X\right)^\circ = C^\circ$ in $\mathcal{U}_0\left(X', \beta\left(X', Y\right)\right)$ liegt.

Wir zeigen: Sei $(x_n)_{n \in \mathbb{N}} \in l^\infty(X)$, dann gibt es eine beschränkte Teilmenge B in $(Y, \mathcal{T} \cap Y)$, so dass $\{x_n : n \in \mathbb{N}\}$ in $\overline{B}^X$ liegt, woraus die Behauptung folgt. Dies gilt in der Tat, da für jedes $n \in \mathbb{N}$ gilt

$$
\{x_n\}^\circ \in \mathcal{U}_0\left(X', \sigma\left(X', X\right)\right) \subset \mathcal{U}_0\left(X', \beta\left(X', Y\right)\right) \quad \text{und}
$$

$$
\bigcap_{n \in \mathbb{N}} \{x_n\}^\circ = \{x_n : n \in \mathbb{N}\}^\circ \in \mathcal{U}_0\left(X', \beta\left(X', X\right)\right),
$$

also absorbant. Da $\left(X', \beta\left(X', Y\right)\right)$ als starkes Dual eines metrisierbaren, lokal-

konvexen Raums ein vollständiger DF-Raum ist, ist $\{x_n : n \in \mathbb{N}\}^{\circ}$ eine Nullumgebung in $(X', \beta\,(X', Y))$, enthält also eine beschränkte, absolutkonvexe Menge $B \subset (Y, \mathcal{T} \cap Y)$, woraus folgt $\{x_n : n \in \mathbb{N}\} \subset B^{\circ\circ} = \overline{B}^X$.

Reguläre induktive Limiten einer induktiven Folge lokalkonvexer Räume brauchen nicht vollständig zu sein. Folgendes Beispiel zeigt, dass dieses Phänomen auch in der Klasse der Räume vom verallgemeinerten Moscatellischen Typ $\bigoplus X + \mu(Y) + \lambda(Z)$ auftritt, wobei X und Y vollständig sind.

Dieses Beispiel zeigt auch, dass die Metrisierbarkeitsvoraussetzung in der letzten Bemerkung nicht ersatzlos gestrichen werden kann.

Beispiel 4.4

Seien X, Y und Z lokalkonvexe Räume mit stetigen Inklusionen $Z \hookrightarrow Y \hookrightarrow X$ und $Y = X$ vollständig. Z sei ein echter, dichter Teilraum von Y versehen mit der Relativtopologie. Dann sind die Stufen $\bigoplus\limits_{k<n} X + \left(c_0(Y) + l^{\infty}(Z)\right)_{k \geq n}$ des induktiven Limes $\bigoplus X + c_0(Y) + l^{\infty}(Z)$ alle gleich, sogar topologisch gleich.

Folglich ist $\bigoplus X + c_0(Y) + l^{\infty}(Z)$ gleich dem Raum $F := c_0(Y) + l^{\infty}(Z)$ versehen mit der lokalkonvexen Finaltopologie $\mathcal{R}$ bzgl. der beiden Inklusionen $c_0(Y) \hookrightarrow F$ und $l^{\infty}(Z) \hookrightarrow F$ und der induktive Limes ist strikt, insbesondere regulär. Wir werden $Z \subset Y$ so spezifizieren, dass F unvollständig wird.

Sei hierzu

$$Z := \left(\varphi, \sigma\,(\varphi, \omega)\right),$$

$$Y := \left((\varphi^{\star})^{\star}, \sigma\,(\varphi^{\star\star}, \varphi^{\star})\right) = \left(\omega^{\star}, \sigma\,(\omega^{\star}, \omega)\right), \quad \left(\cong \left(\mathbb{K}, \mathcal{T}_{|\cdot|}\right)^{I}\right)$$

wobei I die Indexmenge von Basis $(b_\iota)_{\iota \in I}$ von $\mathbb{K}^{\mathbb{N}}$ ist.

Der so definierte Raum Y ist vollständig und hausdorffsch, Z ist bekanntlich dicht in Y und weiter ist $\sigma(\varphi, \omega) = \sigma\,(\varphi^{\star\star}, \omega) \cap \varphi$. Außerdem ist $c_0(Y) + l^{\infty}(Z)$ echter

Teilraum von $l^\infty(Y)$ und $l^\infty(Z)$ ist mit Lemma 4.1 dicht in $l^\infty(Y)$.

Um zu zeigen, dass $c_0(Y) + l^\infty(Z)$ echter Teilraum von $l^\infty(Y)$ ist, nehmen wir das Gegenteil an.

Es gilt $c_0(Y) \cap l^\infty(Z) = c_0(Z)$. Also gibt es einen Komplementärraum M von $c_0(Z)$ in $l^\infty(Z)$, so dass $l^\infty(Z)$ als algebraisch direkte Summe von $c_0(Z)$ und M dargestellt werden kann. Daraus folgt

$$l^\infty(Y) = c_0(Y) + c_0(Z) + M = c_0(Y) + M \, .$$

Da $M \cap c_0(Y) = l^\infty(Z) \cap c_0(Y) \cap M = c_0(Z) \cap M = \{0\}$ gilt, folgt, dass $l^\infty(Y)$ gleich der algebraisch direkten Summe von $c_0(Y)$ und M ist und es gilt weiter

$$l^\infty(Y) \big/ c_0(Y) \underset{\text{alg.}}{\cong} M \subset l^\infty(Z) \, .$$

Damit ist zunächst

$$\dim \left(l^\infty(Y) \big/ c_0(Y) \right) \leq \dim (l^\infty(Z)) \leq |\mathbb{R}| \, . \quad (\star)$$

Andererseits gilt

$$l^\infty(Y) \big/ c_0(Y) \underset{\text{top.}}{\cong} l^\infty \left(\mathbb{K}^I \right) \big/ c_0 \left(\mathbb{K}^I \right) \underset{\text{top.}}{\cong} (l^\infty)^I \big/ (c_0)^I \underset{\text{top.}}{\cong} \left(l^\infty \big/ c_0 \right)^I \, .$$

Da $l^\infty \big/ c_0$ ein unendlich dimensionaler Banachraum ist (wegen Baire-Raum auch überabzählbar dimensional), folgt mit der Kontinuumshypothese

$$\dim \left(l^\infty \big/ c_0 \right) \geq |\mathbb{R}| \, .$$

Ohne Kontinuumshypothese folgt dies mit [3].

Somit gilt

$$\dim \left({l^\infty(Y)}\big/{c_0(Y)} \right) \geq \left| \mathbb{R}^I \right| = |\mathbb{R}|^I \underset{|I|=|\mathbb{R}|}{=} \left| \mathbb{R}^{\mathbb{R}} \right| > |\mathbb{R}| .$$

Dies steht im Widerspruch zu (⋆). *Es wird dabei ausgenutzt, dass* $|I| = |\mathbb{R}|$ *gilt, was mit der Kontinuumshypothese wieder klar ist, da* $\omega = \mathbb{K}^{\mathbb{N}}$ *als unendlich dimensionaler Baire-Raum überabzählbar dimensional ist. Ohne Kontinuumshypothese folgt dies wieder mit [3].*

Damit ist F also ein echter, dichter Teilraum von $l^\infty(Y)$, *ist also bzgl. der Relativtopologie von* $l^\infty(Y)$ *unvollständig.*

Es bleibt zu zeigen, dass die Relativtopologie $\mathscr{T}$ *auf F bzgl.* $l^\infty(Y)$ *gleich* $\mathscr{R}$ *ist. Nach Definition von* $\mathscr{R}$ *als lokalkonvexe Finaltopologie ist* $\mathscr{R}$ *feiner als* $\mathscr{T}$.

Sei also eine Nullumgebung U in $(F, \mathscr{R})$ *gegeben, dann gibt es eine Nullumgebung* $V = \Gamma V$ *in Y, so dass gilt*

$$V^{\mathbb{N}} \cap c_0(Y) + (2V \cap Z)^{\mathbb{N}} \cap l^\infty(Z) \subset U .$$

Zu zeigen ist, dass

$$V^{\mathbb{N}} \cap \left(c_0(Y) + l^\infty(Z) \right) \subset V^{\mathbb{N}} \cap c_0(Y) + \left((2V \cap Z)^{\mathbb{N}} \cap l^\infty(Z) \right) .$$

Dazu sei $v \in V^{\mathbb{N}} \cap \left(c_0(Y) + l^\infty(Z) \right)$. *Dann existieren* $(y_n)_{n \in \mathbb{N}} \in c_0(Y)$ *und* $(z_n)_{n \in \mathbb{N}} \in l^\infty(Z)$, *so dass* $(v_n)_{n \in \mathbb{N}} = (y_n)_{n \in \mathbb{N}} + (z_n)_{n \in \mathbb{N}}$. *Da* y_n *in Y gegen 0 konvergiert, gibt es ein* $n_V \in \mathbb{N}$, *so dass* y_n *für alle* $n \geq n_V$ *in V liegt. Daraus folgt für alle* $n \geq n_V$, *dass*

$$z_n = v_n - y_n \in V + V = 2V .$$

Somit ist

$$y := \left((v_n)_{1 \leq n < n_v}, (y_n)_{n \geq n_v} \right) \in c_0(Y) \cap V^{\mathbb{N}} \quad und$$

$$z := \left((0)_{1 \leq n < n_v}, (z_n)_{n \geq n_v} \right) \in l^\infty(Z) \cap (2V)^{\mathbb{N}}.$$

und damit liegt v in U.

Es wurde mitbewiesen: Wenn Z ein topologischer Teilraum von Y ist, so ist auch $l^\infty(Z) + c_0(Y)$ ein topologischer Teilraum von $l^\infty(Y)$.

Schon Ende der 80er Jahre wurde bewiesen, dass für Moscatellische Räume vom Typ $F = \bigoplus X + \lambda(Y)$ mit X, Y Frécheträume und stetiger Inklusion $Y \hookrightarrow X$, Regularität und Vollständigkeit äquivalent sind. Dies wurde in [1], Theorem 3.2, S.27, zunächst für zwei Banachräume gezeigt, dann in [2], Corollary 12, S. 120, für Frécheträume und $\lambda = l^\infty$ und schließlich in [9], Proposition 11, S. 29, der allgemeine Fall. In jedem der drei Fälle wird die Implikation mit Hilfe einer sogenannten projektiven Hülle von F geführt. Im verallgemeinerten Fall $\bigoplus X + \mu(Y) + \lambda(Z)$ ist die Konstruktion einer geeigneten projektiven Hülle bisher nicht gelungen (vgl. Teilerfolge in [2], Remarks 17 – 20, S. 125–129). Trotzdem lässt sich die Implikation „aus regulär folgt vollständig" auch in diesem Fall – mit einer anderen Methode – zeigen.

Satz 4.5

Seien X, Y und Z Frécheträume mit stetigen Inklusionen $Z \hookrightarrow Y \hookrightarrow X$, λ sei ein normaler Banachscher Folgenraum und μ sei definiert als $\overline{\varphi}^\lambda$. Dann gilt mit $E := \bigoplus X + \mu(Y) + \lambda(Z)$, dass aus der Regularität von E die Vollständigkeit folgt.

Beweis:

Definiere $L := \bigoplus X + \mu(Y)$. Mit Satz 2.8 ist L abgeschlossen in E und es folgt, dass $E/_L$ ein lokalkonvexer, separierter Raum ist.

Die Abbildung $\eta : \lambda(Z) \longrightarrow E/_L, (z_n)_{n\in\mathbb{N}} \longmapsto (z_n)_{n\in\mathbb{N}} + L$ ist wohldefiniert, stetig, linear und surjektiv. Der Kern von η lässt sich beschreiben durch

$$\ker(\eta) = \lambda(Z) \cap \mu(Y).$$

Um dies zu zeigen, sei $z \in \lambda(Z)$ mit $z \in L$. Also gilt $z \in L \cap \lambda(Z) = \mu(Y) \cap \lambda(Z)$. Sei umgekehrt $z \in \mu(Y) \cap \lambda(Z)$, dann gilt $z \in \mu(Y) \subset L$.

Somit ist die Faktorisierung $\widehat{\eta} : \lambda(Z)/_{\mu(Y) \cap \lambda(Z)} \longrightarrow E/_L$ stetig, linear und bijektiv.

Da X, Y und Z Frécheträume sind, ist auch $\lambda(Z)/_{\mu(Y) \cap \lambda(Z)}$ ein Fréchetraum und $E/_L$ ist ein separierter, tonnelierter LF-Raum. Mit dem Graphensatz folgt nun, dass $\widehat{\eta}$ ein topologischer Isomorphismus ist und somit ist $E/_L$ vollständig. Da E regulär ist, gilt mit Satz 3.2, dass auch $\bigoplus X + \mu(Y)$ regulär ist. Damit ist mit [9], Chapter III, Proposition 11, S. 29, $\bigoplus X + \mu(Y)$ vollständig.

Also sind sowohl $E/_L$ als auch L vollständig und es folgt mit [11], 2.4.2, S. 51, sowie [10], Proposition 2, dass E vollständig ist. $\qquad\square$

5 Vollständige Hülle

Die LB-Räume $\bigoplus X + \lambda(Y)$ vom Moscatellischen Typ mit X, Y Banachräume und stetiger Inklusion $Y \hookrightarrow X$ wurden in [1] ausführlich untersucht. Allerdings wurde – im nicht regulären Fall – seinerzeit keine Beschreibung der vollständigen Hülle gegeben.

Das Studium der vollständigen Hüllen von LB-Räumen ist aus folgendem Grund wünschenswert: Wenn es einen LB-Raum $E = \operatorname{ind} E_n$ gibt, dessen vollständige Hülle $\widetilde{E}$ nicht bornologisch ist, so ist $\widetilde{E}$ versehen mit der assoziierten bornologischen Topologie $\mathscr{R}$ ein lokalvollständiger LB-Raum, der folglich regulär ist, aber andererseits nicht vollständig sein kann, da sonst die Identität $\operatorname{id}_E : E \longrightarrow E$ eine stetige Fortsetzung $\eta : \widetilde{E} \longrightarrow \left(\widetilde{E}, \mathscr{R}\right)$ hat, die wegen der Stetigkeit von $\operatorname{id}_{\widetilde{E}} : \left(\widetilde{E}, \mathscr{R}\right) \longrightarrow \widetilde{E}$ bereits die Identität von $\widetilde{E}$ sein müsste. Damit wäre aber $\widetilde{E}$ schon bornologisch.

Wir wissen zwar, dass LB-Räume vom Moscatellischen Typ vollständig sind, wenn sie regulär sind; die vollständige Hülle eines LB-Raums vom Moscatellischen Typ ist aber nicht notwendigerweise wieder vom Moscatellischen Typ. Daher ist es nicht von vornherein klar ist, dass die vollständige Hülle eines LB-Raums vom Moscatellischen Typ stets bornologisch ist. Wir werden im Folgenden beweisen, dass dies doch der Fall ist.

Bei unserem Beweis werden wir Ergebnisse aus Kapitel 4 über Räume vom Typ $\bigoplus X + \mu(Y) + \lambda(Z)$ benutzen.

Satz 5.1

Seien X und Z Banachräume mit abgeschlossenen Einheitskugeln A bzw. C, so dass $Z \subset X$ und $C \subset A$ ist. Sei ferner λ ein normaler Banachscher Folgenraum und μ sei definiert durch $\overline{\varphi}^{\lambda}$. Dann ist die vollständige Hülle des Banachraums $F := \bigoplus X + \lambda(Z)$ vom Moscatellischen Typ bornologisch und damit ein vollständiger LB-Raum.

Beweis:

Mit $B := \overline{C}^X$ und $Y := ([B], p_B)$ ist Y ein Banachraum, so dass die Inklusionen $Z \hookrightarrow Y \hookrightarrow X$ stetig sind. Desweiteren gilt $C \subset B \subset A$ und Y hat eine Nullumgebungsbasis aus abgeschlossenen Mengen in X. Folglich ist der LB-Raum $E := \bigoplus X + \mu(Y) + \lambda(Z)$ ein vollständiger LB-Raum. Im Weiteren bezeichne $\widetilde{F}$ die vollständige Hülle von $F = \bigoplus X + \lambda(Z)$.

Der Banachraum $\bigoplus X + \mu(Z)$ ist nach Satz 2.8 abgeschlossener topologischer Teilraum von F und damit topologischer Teilraum von $\widetilde{F}$. Die Vervollständigung von $\bigoplus X + \mu(Z)$ ist nach [1], Theorem 3.2, S. 27, und 2.2, S. 16, topologisch isomorph zu $\bigoplus X + \mu(Y)$. Folglich ist die stetige Fortsetzung $\eta : \bigoplus X + \mu(Y) \longrightarrow \widetilde{F}$ der Inklusion $\bigoplus X + \mu(Z) \hookrightarrow F \hookrightarrow \widetilde{F}$ ein topologischer Isomorphismus auf das Bild $\eta\left(\bigoplus X + \mu(Y)\right)$. Hierbei gilt für die Teilräume $\lambda(Z) \subset \widetilde{F}$ und $\eta\left(\bigoplus X + \mu(Y)\right) \subset \widetilde{F}$, dass

$$\lambda(Z) \cap \eta\left(\bigoplus X + \mu(Y)\right) = \mu(Z) \quad \left(\subset \widetilde{F}\right).$$

Es ist nur die Richtung „$\subset$" zu zeigen.

Seien hierzu $x \in \bigoplus X$ und $y \in \mu(Y)$, so dass $z := \eta(x + y)$ in $\lambda(Z)$ liegt. Da $\bigoplus X + \mu(Z)$ dicht in $\bigoplus X + \mu(Y)$ ist, gibt es ein Netz $\left(y^{\iota}\right)_{\iota \in I}$ in $\bigoplus X + \mu(Z)$, so dass $y^{\iota} \underset{\iota \in I}{\longrightarrow} x + y$ in $\bigoplus X + \mu(Y)$. Es folgt $z = \eta(x + y) = \eta\left(\lim_{\iota \in I} y^{\iota}\right)$.

Wegen der Stetigkeit von η ist damit $z = \lim\limits_{\iota \in I} \eta\left(y^\iota\right)$. Und da y^ι in $\bigoplus X + \mu(Z)$ liegt, ist dies gleich $\lim\limits_{\iota \in I} y^\iota$, wodurch also z enthalten ist in

$$\overline{\bigoplus X + \mu(Z)}^{\widetilde{F}} \cap F = \overline{\bigoplus X + \mu(Z)}^{F} = \bigoplus X + \mu(Z).$$

Somit liegt z in $\lambda(Z) \cap \left(\bigoplus X + \mu(Z)\right) = \mu(Z)$.

Die Abbildung

$$g : \lambda(Z) \times \left(\bigoplus X + \mu(Y)\right) \longrightarrow \widetilde{F}, \quad (z, x + y) \longmapsto z + \eta(x + y)$$

ist linear und stetig, da die Inklusionen $\lambda(Z) \hookrightarrow F \hookrightarrow \widetilde{F}$ und η stetig sind. Außerdem ist g auch offen auf das Bild $G := g\left(\lambda(Z) \times \left(\bigoplus X + \mu(Y)\right)\right)$.

Um dies zu zeigen, seien ein $\varepsilon > 0$ und eine Folge $(\varepsilon_k)_{k \in \mathbb{N}} \in (0, \infty)^{\mathbb{N}}$ gegeben. Dann gibt es eine absolutkonvexe Nullumgebung $U = \mathring{U}^{\widetilde{F}} \in \mathscr{U}_0\left(\widetilde{F}\right)$, so dass $U \cap F \subset \bigoplus \frac{\varepsilon_k}{2} A + \varepsilon U_{\lambda(Z)}$. Wir zeigen

$$U \cap G \subset g\left(\varepsilon U_{\lambda(Z)} \times \left(\bigoplus \varepsilon_k A + \varepsilon U_{\mu(Y)}\right)\right).$$

Seien hierzu $z \in \lambda(Z)$, $x \in \bigoplus X$ und $y \in \mu(Y)$ so gegeben, dass $g(z, x + y)$ gleich $z + \eta(x + y) \in U$ ist. Sei wieder $(y^\iota)_{\iota \in I}$ ein Netz in $\bigoplus X + \mu(Z)$, so dass $y^\iota \xrightarrow[\iota \in I]{} x + y$ in $\bigoplus X + \mu(Y)$. Dann gilt für alle $\iota \in I$, dass

$$F \ni z + y^\iota = z + \eta\left(y^\iota\right) \xrightarrow[\iota \in I]{} z + \eta(x + y) \quad \text{in } \widetilde{F}.$$

Da $z + \eta(x + y)$ in $U = \mathring{U}^{\widetilde{F}}$ liegt, gibt es ein $\iota_0 \in I$, so dass für alle $\iota \geq \iota_0$ gilt

$$z + y^\iota \in U \cap F \subset \bigoplus \frac{\varepsilon_k}{2} A + \varepsilon U_{\lambda(Z)} \quad \text{und}$$

$$y^\iota \in x + y + \varepsilon U_{\mu(Y)} + \bigoplus \frac{\varepsilon_k}{2} A,$$

wobei $\varepsilon U_{\mu(Y)} + \bigoplus \frac{\varepsilon_k}{2} A$ in $\mathcal{U}_0 \left(\bigoplus X + \mu(Y) \right)$ enthalten ist.

Daraus folgt mit $y^{\iota_0} = \eta\left(y^{\iota_0}\right)$, dass

$$z + \eta(x + y) = z + y^{\iota_0} + \eta\left(x + y - y^{\iota_0}\right)$$

und dies liegt in

$$\bigoplus \tfrac{\varepsilon_k}{2} A + \varepsilon U_{\lambda(Z)} + \eta\left(\varepsilon U_{\mu(Y)} + \bigoplus \tfrac{\varepsilon_k}{2} A \right)$$
$$= \varepsilon U_{\lambda(Z)} + \eta\left(\varepsilon U_{\mu(Y)} + \bigoplus \varepsilon_k A \right)$$
$$= g\left(\varepsilon U_{\lambda(Z)} \times \left(\varepsilon U_{\mu(Y)} + \bigoplus \varepsilon_k A \right) \right).$$

Also ist G topologisch isomorph zu $\lambda(Z) \times \left(\bigoplus X + \mu(Y) \right) \Big/ \ker(g)$ und damit ein LB-Raum.

Da der induktive Limes $E = \bigoplus X + \mu(Y) + \lambda(Z)$ mit Satz 4.5 vollständig ist, hat die stetige Inklusion $F = \bigoplus X + \lambda(Z) \hookrightarrow E$ eine stetige Fortsetzung $\rho : \widetilde{F} \longrightarrow E$.

Wir zeigen nun, dass $\rho(G) = E$ gilt.

Hierzu zeigen wir zunächst, dass die Verknüpfung $\rho \circ \eta : \bigoplus X + \mu(Y) \longrightarrow E$ gerade die Inklusion $\bigoplus X + \mu(Y) \hookrightarrow E$ ist. $(\star)$

Seien also $x \in \bigoplus X$ und $y \in \mu(Y)$ gegeben. Zu zeigen ist, dass $\rho\left(\eta(x + y)\right) = x + y$ ist. Es gibt wieder ein Netz $\left(y^\iota\right)_{\iota \in I}$ in $\bigoplus X + \mu(Z)$, so dass $y^\iota \xrightarrow[\iota \in I]{} x + y$ in $\bigoplus X + \mu(Y)$ und es folgt mit $\rho\left(y^\iota\right) = y^\iota$, dass

$$\rho\left(\eta(x + y)\right) = \rho\left(\eta\left(\lim_{\iota \in I} y^\iota \right) \right) = \rho\left(\lim_{\iota \in I} \eta\left(y^\iota\right) \right)$$
$$= \lim_{\iota \in I} \rho\left(y^\iota\right) = \lim_{\iota \in I} y^\iota = x + y,$$

da der Limes in E liegt und $\bigoplus X + \mu(Y) \hookrightarrow E$ stetig ist.

Seien nun $x \in \bigoplus X$, $y \in \mu(Y)$ und $z \in \lambda(Z)$ gegeben, dann folgt mit $\rho(z) = z$ und $(\star)$, dass

$$g(z, x + y) = z + \eta(x + y) \in G \quad \text{und}$$

$$\rho\left(z + \eta(x + y)\right) = \rho(z) + \rho\left(\eta(x + y)\right) = z + x + y\,.$$

Weil G und E LB-Räume sind, ist die stetige, lineare Surjektion $\rho_{|G} : G \longrightarrow E$ auch offen, also eine Quotientenabbildung.

Es bleibt zu zeigen, dass $\ker(\rho_{|G}) = G \cap \ker(\rho)$ ein vollständiger Teilraum von $\widetilde{F}$ ist. Dann folgt mit [10] die Vollständigkeit von G und mit $F \subset G \subset \widetilde{F}$, dass $G = \widetilde{F}$ ist, womit $\widetilde{F}$ ein LB-Raum ist.

(i) Wir definieren dazu

$$L := \{(z, x + y) : z \in \lambda(Z) \cap \mu(Y), x \in \bigoplus X, y \in \mu(Y), x + y + z = 0\}$$
$$= \{(z, -z) : z \in \lambda(Z) \cap \mu(Y)\}\,.$$

Dann ist L als Teilraum von $\lambda(Z) \times (\bigoplus X + \mu(Y))$ topologisch isomorph zu dem Banachraum $\left(\lambda(Z) \cap \mu(Y), \|\cdot\|_{\lambda(Z)}\right)$.

Dies gilt in der Tat, weil zunächst $i : \lambda(Z) \cap \mu(Y) \longrightarrow l, z \longmapsto (z, -z)$ eine lineare und bijektive Abbildung ist. Sie ist auch stetig, da die Inklusionen $\lambda(Z) \cap \mu(Y) \hookrightarrow \lambda(Z)$ und $\lambda(Z) \hookrightarrow \bigoplus X + \lambda(Y)$ stetig sind und da $\bigoplus X + \mu(Y)$ ein topologischer Teilraum von $\bigoplus X + \lambda(Y)$ ist.

Die Abbildung i ist auch offen, denn für alle $\varepsilon > 0$ ist

$$L \cap \left(\varepsilon U_{\lambda(Z)} \times \bigoplus X + \mu(Y)\right) = \left\{(z, -z) : z \in \varepsilon U_{\lambda(Z)} \cap \mu(Y)\right\}$$
$$\subset i\left(\varepsilon U_{\lambda(Z)} \cap \mu(Y)\right)\,.$$

(ii) Desweitern ist $g(L) = G \cap \ker(\rho)$.

Denn die Richtung „$\subset$" ist wahr, da mit $z \in \lambda(Z) \cap \mu(Y)$ und $(\star)$ folgt, dass

$$\rho\left(g(z, -z)\right) = \rho\left(z - \eta(z)\right) = z - z = 0.$$

Für die andere Richtung „$\supset$" seien $z \in \lambda(Z)$, $x \in \bigoplus X$ und $y \in \mu(Y)$ so gegeben, dass gilt $g(z, x+y) = z + \eta(x+y) \in \ker(\rho)$.

Damit ist $0 = \rho\left(z + \eta(x+y)\right) = z + x + y$, womit folgt, dass x in $\bigoplus Y$ liegt. Also liegt $x + y$ in $\mu(Y)$ und damit ist z gleich $-(x+y) \in \lambda(Z) \cap \mu(Y)$.

(iii) Ferner gilt $L \supset \ker(g)$.

Seien $z \in \lambda(Z)$, $x \in \bigoplus X$ und $y \in \mu(Y)$, so dass $0 = g(z, x+y) = z + \eta(x+y)$ gilt. Wieder sei $(y^\iota)_{\iota \in I}$ ein Netz in $\bigoplus X + \mu(Z)$, so dass $y^\iota \xrightarrow[\iota \in I]{} x + y$ in $\bigoplus X + \mu(Z)$. Es folgt

$$0 = z + \eta(x+y) = z + \eta\left(\lim_{\iota \in I} y^\iota\right) = z + \lim_{\iota \in I} \eta\left(y^\iota\right) = z + \lim_{\iota \in I} y^\iota.$$

Damit konvergiert y^ι in $\widetilde{F}$ gegen $-z$.

Andererseits gilt für alle $\iota \in I$, dass $y^\iota \in \bigoplus X + \mu(Z) \subset F$. Mit $-z \in \lambda(Z) \subset F$ folgt also $y^\iota \xrightarrow[\iota \in I]{} -z$ in F. Da $\bigoplus X + \mu(Z)$ abgeschlossen in F ist, liegt $-z$ in $\bigoplus X + \mu(Z)$ und da z in $\lambda(Z)$ liegt, gilt weiter, dass $-z$ in $\mu(Z)$ liegt. Daraus folgt, z ist in $\lambda(Z) \cap \mu(Y)$ enthalten und $\eta(x+y) = -z$. Also gilt, dass $(z, x+y)$ in L liegt.

Da die kanonische Faktorisierung $\widehat{g} : {}^{\lambda(Z) \times (\bigoplus X + \mu(Y))}/_{\ker(g)} \longrightarrow G$ ein topologischer Isomorphismus ist, ist auch die Einschränkung

$$\widehat{g}|\left({}^{L}/_{\ker(g)}\right) : {}^{L}/_{\ker(g)} \longrightarrow \ker(\rho_{|G})$$

ein topologischer Isomorphismus. $^L/_{\ker(g)}$ ist Banachraum, folglich ist auch $\ker(\rho_{|G})$ ein Banachraum. $\qquad\qquad\square$

Bemerkung 5.2

Wir haben in Satz 5.1 gezeigt, dass die vollständige Hülle von $\bigoplus X + \lambda(Z)$ topologisch isomorph zu dem vollständigen LB-Raum $^{\lambda(Z) \times (\bigoplus X + \mu(Y))}/_{\ker(g)}$ ist, wobei $\ker(g)$, als abgeschlossener Teilraum von L, selbst ein Banachraum ist. Wir zeigen jetzt noch, dass $\ker(g)$ topologisch isomorph zu $\mu(Z)$ ist.

Wir wissen, dass die Abbildung

$$i : \left(\lambda(Z) \cap \mu(Y), \|\cdot\|_{\lambda(Z)}\right) \longrightarrow L, z \longmapsto (z, -z)$$

ein topologischer Isomorphismus ist und zeigen $\ker(g) = i\left(\mu(Z)\right)$.

Um zu zeigen, dass $\ker(g) \supset i\left(\mu(Z)\right)$ ist, sei $z \in \mu(Z)$.

Dann folgt

$$g\left((z, -z)\right) = z - \eta(z) = z - z = 0.$$

Für die andere Richtung sei $z \in \lambda(Z) \cap \mu(Y)$, so dass $g\left((z, -z)\right) = 0$ gilt. Also ist $0 = z - \eta(z)$. Sei wieder $(y^\iota)_{\iota \in I}$ Netz in $\bigoplus X + \mu(Z)$, so dass $y^\iota \underset{\iota \in I}{\longrightarrow} z$ in $\bigoplus X + \mu(Y)$. Dann folgt $0 = z - \eta(z) = z - \lim_{\iota \in I} y^\iota$, wobei der Limes in $\bigoplus X + \lambda(Z)$ gebildet wird und $\bigoplus X + \mu(Z)$ abgeschlossen in $\bigoplus X + \lambda(Z)$ ist. Dann folgt, dass z in $\left(\bigoplus X + \mu(Z)\right) \cap \lambda(Z)$ liegt, also in $\mu(Z)$ und damit gilt $(z, -z) \in i\left(\mu(Z)\right)$.

Da die vollständige Hülle von F gleich G ist, folgt hieraus, dass $\ker(\rho) = \ker(\rho_{|G})$ und dies wiederum ist topologisch isomorph zu $^{\lambda(Z) \cap \mu(Y)}/_{\mu(Z)}$.

Der Beweis des Satzes 5.1 läßt sich ausdehnen auf den Fall, dass X ein Fréchetraum statt ein Banachraum ist. Wir müssen nur an den entsprechenden Stellen mit „$\bigoplus U_k$" statt „$\bigoplus \varepsilon_k A$" argumentieren. Bei dem Fall, dass Z nur Fréchet-raum ist, ergeben sich dagegen erhebliche Schwierigkeiten:

Die Bildung des Raumes Y wird dann zunächst durch

$$Y := \bigcap_{V=\Gamma V \in \mathcal{U}_0(Z)} \left(\left[\overline{V}^X \right], p_{\overline{V}^X} \right)$$

mit der Durchschnittstopologie simuliert, wodurch wir zwar einen Fréchet-raum mit stetigen Inklusionen $Z \hookrightarrow Y \hookrightarrow X$ erhalten. Jedoch benötigt dieser keine X-abgeschlossene Nullumgebungsbasis, also führt er auch zu keinem vollständigen, induktiven Limes $\bigoplus X + \mu(Y) + \lambda(Z)$. Das folgende Beispiel zeigt diesen Fall.

Seien G und H zwei Banachräume mit stetiger Inklusion $G \hookrightarrow H$, so dass G dicht in H ist, G eine echte Teilmenge von H ist und die abgeschlossene Ein-heitskugel B_G von G abgeschlossen in H ist. Dann sind $Z := G^{\mathbb{N}}$ und $X := H^{\mathbb{N}}$ Frécheträume mit stetiger Inklusion $Z \hookrightarrow X$. Bilden wir Y gemäß obiger Kon-struktion, so ist Y algebraisch und topologisch gleich Z.

Dies gilt in der Tat, denn für alle $n \in \mathbb{N}$ ist der Abschluss von $B_G^n \times G^{[n+1,\infty)\cap\mathbb{N}}$ in X gleich $B_G^n \times H^{[n+1,\infty)} \cap \mathbb{N}$, also ist $\left[B_G^n \times H^{[n+1,\infty)\cap\mathbb{N}} \right]$ gleich $G^n \times H^{[n+1,\infty)\cap\mathbb{N}}$ und damit gilt

$$Y = \bigcap_{n\in\mathbb{N}} \left(G^n \times H^{[n+1,\infty)\cap\mathbb{N}} \right) = G^{\mathbb{N}} = \left[B_G^n \times G^{[n+1,\infty)\cap\mathbb{N}} \right] = Z \,.$$

Diese Gleichheit gilt algebraisch und topologisch.

Z hat offenbar keine X-abgeschlossene Nullumgebungsbasis.

Hierdurch werden die entscheidenden Abbildungen η, g und ρ aus Satz 5.1 trivial.

Abschließend zeigen wir noch, dass die vollständige Hülle des LF-Raums $F := \bigoplus X + l^\infty(Z)$ topologisch isomorph ist zu dem Produkt $(\bigoplus H + l^\infty(G))^{\mathbb{N}}$. Damit ist $\widetilde{\bigoplus X + l^\infty(Z)}$ zwar ultalbornologisch, aber kein LF-Raum nach [11], 8.4.15, S. 271. Sie besitzt also auch keine feinere LF-Raum-Topologie.

Insbesondere braucht die Vervollständigung eines LF-Raums vom Moscatellischen Typ kein LF-Raum zu sein, wie die Beispiele in [11], 8.8.8, S. 317, zeigen.

Beweis der oben behaupteten Isomorphie:

Die Abbildung

$$j : F \longrightarrow \left(\bigoplus H + l^\infty(G)\right)^{\mathbb{N}}, \left(\left(x_k^{(n)}\right)_{k \in \mathbb{N}}\right)_{n \in \mathbb{N}} \longmapsto \left(\left(x_k^{(n)}\right)_{n \in \mathbb{N}}\right)_{k \in \mathbb{N}}$$

ist wohldefiniert. Sind nämlich $\left(\left(x_k^{(n)}\right)_{k \in \mathbb{N}}\right)_{n \in \mathbb{N}} \in \bigoplus X = \bigoplus H^{\mathbb{N}}$ und $\left(\left(y_k^{(n)}\right)_{k \in \mathbb{N}}\right)_{n \in \mathbb{N}} \in l^\infty(Z) = l^\infty\left(G^{\mathbb{N}}\right)$ gegeben, so liegt $\left(x_k^{(n)}\right)_{n \in \mathbb{N}}$ in $\bigoplus H$ und $\left(y_k^{(n)}\right)_{n \in \mathbb{N}}$ in $l^\infty(G)$ für alle $k \in \mathbb{N}$. Damit ist j auch linear und offenbar injektiv. Für die Stetigkeit von j ist zu zeigen, dass für alle $k \in \mathbb{N}$ die beiden Abbildungen

$$\bigoplus H^{\mathbb{N}} \longrightarrow \bigoplus H + l^\infty(G), \left(\left(x_l^{(n)}\right)_{l \in \mathbb{N}}\right)_{n \in \mathbb{N}} \longmapsto \left(x_k^{(n)}\right)_{n \in \mathbb{N}} \quad \text{und}$$

$$l^\infty\left(G^{\mathbb{N}}\right) \longrightarrow \bigoplus H + l^\infty(G), \left(\left(y_l^{(n)}\right)_{l \in \mathbb{N}}\right)_{n \in \mathbb{N}} \longmapsto \left(y_k^{(n)}\right)_{n \in \mathbb{N}}$$

stetig sind, was offenbar wahr ist.

Weiter hat j ein dichtes Bild, da $j(l^\infty(Z)) = j\left(l^\infty\left(G^{\mathbb{N}}\right)\right) = l^\infty(G)^{\mathbb{N}}$ und $\bigoplus_{k \in \mathbb{N}} \bigoplus_{n \in \mathbb{N}} H \subset j\left(\bigoplus H^{\mathbb{N}}\right)$ ist. Folglich enthält $j(F)$ die im Produkt $(\bigoplus H + l^\infty(G))^{\mathbb{N}}$ dichte Teilmenge $\bigoplus_{k \in \mathbb{N}}\left(\bigoplus_{n \in \mathbb{N}} H + l^\infty(G)\right)$.

Da $\bigoplus H + l^\infty(G)$ als regulärer LB-Raum vom Moscatellischen Typ vollständig ist, bleibt zu zeigen, dass j offen auf das Bild ist.

Sei hierzu eine Nullumgebung U in $\bigoplus X + l^\infty(Z)$ gegeben. Dann gibt es eine wachsende Folge $(k_n)_{n \geq 0}$ in $\mathbb{N}$, ein $\varepsilon > 0$ sowie eine Folge $(\varepsilon_k)_{k \in \mathbb{N}} \in (0, \infty)^{\mathbb{N}}$, so dass gilt

$$U \supset \bigoplus_{n \in \mathbb{N}} \left(\prod_{1 \leq k \leq k_n} \varepsilon_k B_H \times \prod_{k > k_n} \right) + \left(\prod_{k \leq k_0} \varepsilon B_G \times \prod_{k > k_0} G \right)^{\mathbb{N}} \cap l^\infty(Z).$$

Damit ist

$$V := \prod_{k \leq k_0} \left(\bigoplus_{n \in \mathbb{N}} \varepsilon_k B_H + \varepsilon B_G^{\mathbb{N}} \right) \times \prod_{k > k_0} \left(\bigoplus H + l^\infty(G) \right)$$

eine Nullumgebung in $\left(\bigoplus H + l^\infty(G) \right)^{\mathbb{N}}$ und wir zeigen, dass $j^{-1}(V)$ in U enthalten ist. Sei also $z = \left(\left(z_k^{(n)} \right)_{k \in \mathbb{N}} \right)_{n \in \mathbb{N}} \in j^{-1}(V)$ gegeben. Dann gibt es $x = \left(\left(x_k^{(n)} \right)_{k \in \mathbb{N}} \right)_{n \in \mathbb{N}} \in \bigoplus H^{\mathbb{N}}$ und $y = \left(\left(y_k^{(n)} \right)_{k \in \mathbb{N}} \right)_{n \in \mathbb{N}} \in l^\infty \left(G^{\mathbb{N}} \right)$, so dass $z = x + y$ gilt und es gibt ein $\tilde{n} \in \mathbb{N}$, so dass für alle $n > \tilde{n}$ und alle $k \in \mathbb{N}$ gilt, dass $x_k^{(n)} = 0$ ist. Weil z in $j^{-1}(V)$ liegt, folgt, dass es jetzt ein $\tilde{x} = \left(\left(\tilde{x}_k^{(n)} \right)_{n \in \mathbb{N}} \right)_{k \in \mathbb{N}}$ in $\prod_{1 \leq k \leq k_0} \left(\bigoplus_{n \in \mathbb{N}} \varepsilon_k B_H \right) \times \prod_{k > k_0} \bigoplus H$ gibt und ein $\tilde{y} = \left(\left(\tilde{y}_k^{(n)} \right)_{n \in \mathbb{N}} \right)_{k \in \mathbb{N}}$ in $\prod_{k \leq k_0} \varepsilon B_G^{\mathbb{N}} \times \prod_{k > k_0} l^\infty(G)$, so dass gilt

$$z = x + y = j^{-1}(\tilde{x}) + j^{-1}(\tilde{y}) = \left(\left(\tilde{x}_k^{(n)} \right)_{k \in \mathbb{N}} \right)_{n \in \mathbb{N}} + \left(\left(\tilde{y}_k^{(n)} \right)_{k \in \mathbb{N}} \right)_{n \in \mathbb{N}}.$$

Nach Definition von $\tilde{x}$ gibt es ein $n_0 \in \mathbb{N}$ mit $n_0 \geq \tilde{n}$, so dass für alle $k \leq k_0$ und alle $n > n_0$ gilt $\tilde{x}_k^{(n)} = 0$ und für alle $n \in \mathbb{N}$ gilt $\tilde{x}_k^{(n)} \in \varepsilon_k B_H$. Ferner gilt für alle $n > n_0$ und $k \in \mathbb{N}$, dass $\tilde{x}_k^{(n)} + \tilde{y}_k^{(n)} = x_k^{(n)} + y_k^{(n)} = y_k^{(n)}$, woraus folgt, dass $\tilde{x}_k^{(n)}$ in G liegt und für alle $k \in \mathbb{N}$ gilt

$$\left(\tilde{x}_k^{(n)} \right)_{n_0 < n} = - \left(\tilde{y}_k^{(n)} \right)_{n_0 < n} + \left(y_k^{(n)} \right)_{n_0 < n} \in l^\infty(G).$$

Für alle $k \leq k_0$ und alle $n \in \mathbb{N}$ gilt für $\left(\left(\widetilde{y}_k^{(n)} \right)_{k \in \mathbb{N}} \right)_{n \in \mathbb{N}}$, dass $\widetilde{y}_k^{(n)}$ in εB_G enthalten ist.

Wir setzen für alle $1 \leq n \leq n_0$ und $1 \leq k \leq k_0$

$$\xi_k^{(n)} := \widetilde{x}_k^{(n)} \in \varepsilon_k B_H, \quad \eta_k^{(n)} := \widetilde{y}_k^{(n)} \in \varepsilon_k B_G .$$

Daraus folgt, dass $\xi_k^{(n)} + \eta_k^{(n)} = z_k^{(n)}$ ist. Weiter setzen wir für alle $n > n_0$ und $k \in \mathbb{N}$

$$\xi_k^{(n)} := 0, \quad \eta_k^{(n)} := z_k^{(n)} = \widetilde{x}_k^{(n)} + \widetilde{y}_k^{(n)} ,$$

wobei für alle $k \leq k_0$ gilt, dass $\eta_k^{(n)} = \widetilde{Y}_k^{(n)}$ in εB_G liegt und für alle $k \in \mathbb{N}$ gilt, dass $\left(\eta_k^{(n)} \right)_{n \geq n_0} = \left(\widetilde{x}_k^{(n)} + \widetilde{y}_k^{(n)} \right)_{n > n_0}$ in $l^\infty(G)$ liegt.

Für alle $1 \leq n \leq n_0$ und alle $k_0 < k \leq k_n$ gilt also, dass $z_k^{(n)}$ in $H \subset \varepsilon_k B_H + G$ liegt, wodurch $\xi_k^{(n)}$ in $\varepsilon_k B_H$ und $\eta_k^{(n)}$ in G existieren mit $z_k^{(n)} = \xi_k^{(n)} + \eta_k^{(n)}$.

Zuletzt definieren wir für alle $1 \leq n \leq n_0$ und alle $k > k_n$

$$\xi_k^{(n)} := z_k^{(n)} \in H, \quad \eta_k^{(n)} := 0 .$$

Damit sind

$$\xi := \left(\left(\xi_k^{(n)} \right)_{k \in \mathbb{N}} \right)_{n \in \mathbb{N}} \in \bigoplus_{n \in \mathbb{N}} \left(\prod_{k \leq k_n} \varepsilon_k B_H \times \prod_{k > k_n} H \right) \quad \text{und}$$

$$\eta := \left(\left(\eta_k^{(n)} \right)_{k \in \mathbb{N}} \right)_{n \in \mathbb{N}} \in l^\infty \left(G^{\mathbb{N}} \right) \cap \left(\prod_{k \leq k_0} \varepsilon_k B_G \times \prod_{k > k_0} G \right)$$

wohldefiniert und $\xi + \eta = z$ liegt in U.

Literaturverzeichnis

[1] Bonet, J., Dierolf, S.: *On LB-Spaces of Moscatelli Type*. Doga, T U J. Math. **13** (1989), S. 9–33.

[2] Bonet, J., Dierolf, S., Fernández, C.: *On two classes of LF-Spaces*. Portugaliae Mathematica, **49** (1992), S. 109–130.

[3] Bourbaki N.: *Espaces vectoriels topologiques*. Chap. 1, Para. 1, Exercise 5. Paris: Hermann (1966)

[4] Dierolf S., Domanski P.: *Factorization of Montel operators*. Studia Mathematica, **107** (1993), S. 15–32.

[5] Dierolf S., Schwanengel U.: *Examples of locally compact non-compact minimal topological groups*. Pacific Journal of Mathematics, **82** (1979), S. 349–355.

[6] Grothendieck A.: *Sur les espaces (F) et (DF)*. Summa Brasil Math. **3** (1954), S. 57–112.

[7] Jarchow H.: *Locally Convex Spaces*. Stuttgart, Teubner (1981)

[8] Köthe G.: *Topological Vector Spaces I*. New York, Springer Verlag (1969)

[9] Melendez, Y: *Inductive limits of Moscatelli type for locally convex spaces.* Dissertation, University of Extremadura, Badajoz (1990).

[10] Pasynkov, B. A.: *On topological Groups.* Soviet Math. Doklady **10** (1969), S. 1115–1118.

[11] Perez Carreras P., Bonet J.: *Barrelled Locally Convex Spaces.* Math. Studies **131**, North-Holland, Amsterdam, New York, Oxford, Tokio (1987)

Zusammenfassung des Bildungswegs

Name	Phillip Tobias Kuß
Geburtstag	6. April 1978
Geburtsort	Linnich, Deutschland

08/84 - 08/88	Gemeinschaftsgrundschule Hückelhoven-Baal
08/88 - 06/97	Cusanus Gymnasium Erkelenz
	Abschluß: Abitur
10/98 - 07/03	Diplomstudium der Wirtschaftsmathematik an der Universität Trier
	Abschluß: Diplom-Wirtschaftsmathematiker
seit 09/03	Promotionsstudium an der Universität Trier